L'ESCARGOT

SA RÉHABILITATION

MONTPELLIER

TYPOGRAPHIE ET LITHOGRAPHIE DE BOEHM & FILS

IMPRIMEURS DE L'ACADÉMIE DES SCIENCES ET LETTRES

ÉDITEURS DU MONTPELLIER MÉDICAL.

L'ESCARGOT

SA RÉHABILITATION

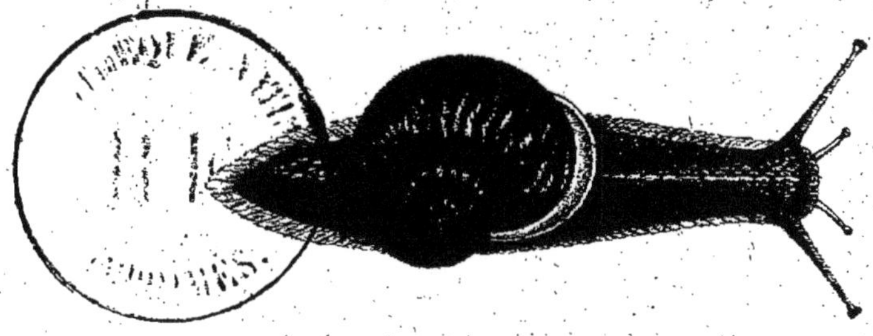

MÉLANGES

PALÉONTO-GÉO-COSMO-MALACOLOGIQUES

PAR

LE DR J. REYNES

> De l'Homme ou l'Escargot, quel est celui des deux
> Qui se fait le plus humble et qui rampe le mieux?
> Le plus rampant des deux, s'il faut que je le nomme,
> N'est pas le Limaçon; à mon avis, c'est l'Homme.

MONTPELLIER
C. COULET, LIBRAIRE-ÉDITEUR
LIBRAIRE DE LA FACULTÉ DE MÉDECINE ET DE L'ACADÉMIE DES SCIENCES ET LETTRES
PARIS
ADRIEN DELAHAYE, LIBRAIRE-ÉDITEUR
1874

INTRODUCTION

L'étude des sciences naturelles, en dévoilant à l'homme une partie des secrets de Dieu, éteint ou du moins atténue grandement en lui toutes les passions mondaines, et lui inocule l'amour de ses semblables.

L'homme ne saurait être méchant quand il goûte ce bonheur sans mélange que procure la religieuse contemplation des œuvres du Créateur.

Il y quelques années à peine que l'accès des sciences naturelles était très-difficile aux masses, qui n'avaient, pour acquérir des notions sur les phénomènes et les choses de la nature, que des ouvrages abstraits, hérissés de synonymies

grecques et latines , œuvres profondes sans
doute, mais composées à l'usage exclusif des
vrais savants, et non à celui du profane vulgaire.

Dans ces derniers temps, une foule d'auteurs,
tels que L. Figuier, Chenu, l'historien-poète
Michelet, dans le but louable d'initier le public
à la connaissance des beautés de la création,
ont eu l'heureuse idée d'abandonner l'ornière
purement scientifique, pour traiter leurs divers
sujets sous un aspect original, pittoresque, en y
ajoutant encore l'attrait de l'illustration.

Ce nouveau mode de procéder a eu une
réussite complète; car, fasciné par l'intéressante
lecture des ouvrages de ces auteurs, le public
a acquis, pour ainsi dire malgré lui, des connais-
sances géologiques, zoologiques et autres, qu'il
aurait toujours ignorées.

D'ailleurs, les hommes du siècle , gâtés et
pervertis par ces avalanches de romans-feuille-
tons à morale plus que douteuse, dont on nous
a si longtemps abreuvés , ne pouvaient qu'être
régénérés en apprenant à connaître et apprécier
les œuvres de Dieu dans leur incalculable mul-
tiplicité et dans leur admirable organisation.

Encouragé par les brillants succès des auteurs que je viens de citer, sans avoir la prétention de planer à leur niveau dans la publication de ce modeste opuscule ; encouragé aussi par quelques amis versés dans la matière, j'ai eu le courage, peut-être faut-il dire la présomption, de livrer au public le résultat de mes recherches et de mes observations.

Une partie de cet ouvrage est le fruit de mes propres investigations ; quant au reste, je l'ai emprunté aux divers auteurs qui me sont tombés sous la main. Je crois qu'avec le blé provenant du glanage, et les raisins provenant du grapillage, chacun peut faire du pain très-mangeable et du vin très-potable. Qu'importe au lecteur leur origine, si les faits que je rapporte et les descriptions que je donne l'intéressent et l'instruisent tant soit peu!

Dans nos contrées méridionales, il faut que le malacologiste qui parcourt le pays, s'adonnant à la recherche des Mollusques, fasse presque toujours abnégation de son amour-propre, et même soit parfois doué d'un certain courage. En effet, lorsqu'au retour d'une excursion dans

la plaine ou dans la montagne, il montre, pour
tout résultat d'une longue journée de fatigue,
quelques sales et petits Escargots, les gens vous
regardent tout ébahis et vous font clairement
comprendre qu'ils vous considèrent comme un
maniaque, si ce n'est pire. Vos amis, vos parents
mêmes ne se font pas faute de vous railler et de
rire de ce qu'ils appellent une drôle d'occupa-
tion ; et ne croyez pas que ce soient les petites
gens qui se moquent ainsi de vous, ce sont au
contraire les savants et les gros bonnets de
l'endroit, membres du Conseil municipal, du
Bureau des pauvres, de la Fabrique, etc.

Mes compatriotes sont généralement ainsi
bâtis : un amour-propre excessif les empêche
d'admettre que d'autres sachent ce qu'ils igno-
rent ; connaissant les Escargots par la seule
raison qu'on les mange, ou parce que, usant
de représailles, ces animaux dévorent trop
souvent nos récoltes, ils ne veulent pas con-
venir que ces Mollusques puissent jouer un rôle
quelconque, en dehors de ces considérations
qui constituent tout le fonds de leur science malacologique.

Quand par hasard j'ai voulu démontrer aux plus intelligents l'importance du rôle que les Mollusques jouent en géologie, ils ont qualifié mes dissertations de sornettes inventées à plaisir.

S'il faut, je le répète, pour s'adonner à l'étude et à la recherche des Mollusques, faire le sacrifice de son amour-propre, il faut aussi dans certains cas s'armer de sang-froid et de courage; en voici la preuve : Je parcourais un jour les pentes boisées de Pioch-Haut, montagne élevée et qui domine la chaîne lacustre située entre Aniane et Laboissière ; j'étais à la recherche d'une variété fort rare de l'*Helix nemoralis*, que je n'avais trouvée qu'en ce seul endroit du canton d'Aniane, et dont je ne possédais que deux échantillons.

J'explorais minutieusement les touffes de chênes-verts les unes après les autres, quand je me trouvai tout à coup en présence d'un berger faisant son frugal repas, assis sur un bloc de rocher d'où il dominait son troupeau éparpillé sur les flancs de la montagne.

Deux êtres humains ne se rencontrent pas ainsi dans un lieu isolé et sauvage, sans se sou-

haiter un bonjour et sans s'adresser mutuelle-
ment quelques questions banales. C'est le cas de
faire observer, en passant, que ces politesses ob-
séquieuses entre deux inconnus qui se rencontrent accidentellement dans un endroit éloigné
et privé de tout secours, ne font pas l'éloge de
notre pauvre humanité : ces prévenances forcées
prouvent au contraire que l'homme n'a pas de
confiance en son semblable, et qu'il le considère
comme un animal dangereux.

Quoi qu'il en soit, à la demande du berger :
Qué fasès, Moussu ? je répondis que je cherchais
des Escargots, et lui montrai en même temps,
dans un flacon, neuf ou dix Mollusques de taille
exiguë. Ma réponse et mon exhibition d'Escargots ne convainquirent pas le berger, qui lança
sur moi des regards obliques et méfiants, tout
en étudiant l'ensemble de ma personne.

Mon bâton grossier armé d'une piochette, mon
havre-sac fort ordinaire, mes souliers bâtards et
garnis de clous, mon chapeau à grandes ailes
chiffonnées, mes habits passablement vieux et
râpés, composaient, à la vérité, un accoutrement

qui ne sentait pas l'opulence et ne prévenait guère en ma faveur.

M'étant aperçu de suite que cet homme n'ajoutait aucune foi à mes paroles et me supposait même de mauvais desseins, je me hâtai de le quitter pour continuer mes recherches. Pendant tout le temps que je mis à explorer la partie de la montagne où paissait le troupeau, le berger resta sur son rocher, me suivant constamment de l'œil, et parlant souvent à son chien pour le tenir sur le qui-vive.

Ce berger, je n'en doute pas, me prenait pour un maraudeur guettant ses moutons. Le hasard aurait pu me mettre en présence d'un pâtre encore plus brutal et plus sauvage, qui probablement aurait lancé son chien contre moi, et m'aurait fait un mauvais parti.

Les campagnards veulent bien comprendre que l'on recueille des plantes utiles à bien des choses, puisqu'ils ont reçu de leurs pères et conservent dans la tradition de la famille plusieurs remèdes composés avec des simples. Ils tolèrent encore le géologue et le minéralogiste, qui, pensent-ils, viennent explorer et sonder les montagnes pour découvrir des mines ; mais ils croient difficilement qu'un homme sensé perde son temps et ses peines à parcourir la contrée pour ramasser des Mollusques parfois microscopiques, des Escargots qui ne sont pas mangeables, qui ne sont bons à rien : d'après eux, cet homme est fou, ou bien il ment et ne peut avoir que l'intention de nuire.

Certains m'accuseront d'être méchant dans mon épigraphe, et de dénigrer l'humanité ; or, comme je ne tiens pas à me brouiller avec mes amis, j'entre dans quelques explications. L'Escargot rampe, parce que, vu son organisation et ses besoins, la Providence, qui fait toujours bien les choses, ne pouvait lui donner un autre genre de locomotion. L'Escargot fait donc bien de ramper, c'est son droit, c'est son devoir ; mais l'homme qui rampe, quand la Providence lui a octroyé une si noble démarche, ne se fait-il pas plus humble que le Limaçon ? N'avons-nous pas connu tous, hélas ! ces magistrats à poigne d'un régime déchu, qui pour obtenir, les uns un emploi salarié, les autres des titres, des honneurs ou seulement un malheureux bout de ruban, foulant aux pieds les lois divines et humaines, compromettaient le repos et l'avenir des familles?

N'avons-nous pas vu des incapables, trop niais pour concevoir une action d'éclat et trop poltrons pour l'accomplir, obtenir par le mensonge et l'intrigue ce même bout de ruban que nous ne voyons pas briller encore sur la poitrine de glorieux débris de Crimée, d'Italie et d'Afrique, sur la poitrine de ces dignes et vénérables magistrats qui ont rendu avec intégrité la justice pendant quarante ans, de ces modestes et respectables médecins, providence de l'indigent, qui depuis un demi-siècle ont la noble manie de faire le bien [1]?

Qui ne connaît dans le monde ce type hybride, protée, caméléon, Janus à double face, faux-

[1] On peut citer, comme étant dans ce cas, le vénérable M. Vernière, ex-juge de paix d'Aniane, qu'il faut se garder de confondre avec son homonyme et son successeur, et le respectable Dr Fabre (de Gignac), qui, simple et sobre Spartiate, prodigue avec dévouement, depuis plus de cinquante ans, ses soins désintéressés aux habitants de trois ou quatre cantons limitrophes.

frère dans toutes les nuances, habile à tromper la religion de tous, sachant se ménager des amis et des protecteurs dans le Club et dans la Sacristie ?

Je borne là mes citations, car nous trouverions dans toutes les classes de la société des êtres rampant moins noblement que notre intéressant Mollusque, pour acquérir rapidement, *per fas et nefas*, de la fortune et des honneurs immérités.

On peut rationnellement conclure, de ce qui précède, que si l'Escargot, en rampant, ne peut compromettre sa dignité *secundum naturam sui generis*, l'homme qui rampe tombe bien au-dessous du Mollusque.

Mon épigraphe n'est donc pas méchante, elle est véridique.

L'ESCARGOT

SA RÉHABILITATION

CHAPITRE PREMIER

Organes et mœurs des Hélices.

Lorsque, parmi les hommes, plusieurs membres d'une famille ont rendu des services à la société et ont jeté de l'éclat, cet éclat rejaillit, en partie du moins, sur les autres membres de la même famille, leur donne du crédit, du relief, et augmente leur valeur. J'ai osé penser qu'il en était de même chez les Mollusques, c'est-à-dire que les nombreux services rendus aux hommes par les innombrables espèces qui peuplent les mers et les continents, ne pouvaient que prédisposer le public en faveur de l'Escargot, modeste invertébré trop peu connu et trop dédaigné de nos jours.

Je demande bien pardon à mes lecteurs de faire,

à propos de Limaçons, une comparaison qui blessera l'amour-propre des moins humbles; entre Hommes et Mollusques rampants, la comparaison est si naturelle et s'offre si bien d'elle-même à l'esprit, qu'il m'a été impossible d'en trouver une autre qui vaille la centième partie de celle-là. Après avoir, en effet, parcouru avec attention l'échelle animale de l'Homme au Mollusque, j'ai acquis la conviction qu'entre le roi de la création et l'infime Escargot, le rapprochement était on ne peut plus naturel, on ne peut plus logique; tant il est vrai que les extrêmes se touchent et fort souvent même se ressemblent.

Ce premier chapitre contiendra un aperçu sur les principaux organes, les fonctions des organes et les habitudes des Hélices.

Aristote est le premier naturaliste qui nous ait donné des détails assez exacts sur l'organisation de notre intéressant Mollusque. Ces détails, qui ont un âge fort respectable, nous apprennent que chez les Grecs antiques l'Hélice était bien plus prisée qu'elle ne l'est de nos jours [1].

Les Hélices ne sont pas aussi simples d'organisation qu'on le croit généralement, et si

[1] Aristote naquit 384 ans avant Jésus-Christ; contemporain de Philippe de Macédoine, précepteur d'Alexandre, il avait étudié sous Platon.

elles sont complètement invertébrées, c'est-à-dire privées de parties solides internes, en compensation elles ont un test ou coquille solide externe, qui non-seulement joue le rôle de squelette en soutenant les parties molles, mais encore leur sert d'abri, en les garantissant contre les intempéries des saisons et les atteintes de leurs nombreux ennemis.

Pour ne pas fatiguer mes lecteurs par une description anatomique longue et détaillée des organes de l'Hélice, je les renverrai aux savants ouvrages de Lamarck, de Cuvier, de de Blainville, de d'Orbigny, de Deshayes et autres, me contentant de citer les organes les plus essentiels.

L'Hélice, vulgairement appelée Limaçon, Colimaçon, Escargot, est un genre de Mollusque terrestre de la classe des Gastéropodes, ordre des Pulmonés, à coquille univalve, ou ventrue, ou globuleuse, ou conoïde, ou bien planorboïde, ombiliquée dans certaines espèces, non ombiliquée dans d'autres. L'ouverture ou la bouche de la coquille offre dans l'âge adulte, tantôt un bord épais et renversé au dehors, tantôt un bord droit, mince, non renversé ni bordé, tandis que ce bord est toujours mince et tranchant dans le jeune âge.

La tête de l'animal est surmontée de quatre tentacules, dont les deux supérieurs, qui sont aussi les

ropodes en général de percevoir et même de voir
les objets qui sont à leur portée[1].

Tout en accordant aux Mollusques univalves des
yeux situés tantôt à l'extrémité des grands tentacules,
tantôt à la base interne ou externe de ces organes,
il est encore des zoologistes qui refusent à ces animaux la faculté de voir. Je suis loin de partager leur
opinion : pourquoi le Créateur, qui n'oublie rien,
qui ne néglige rien, et qui ne peut avoir fait que
des créatures relativement parfaites, aurait-il donné
des yeux aux Hélices pour en faire des aveugles ?
Nous devons croire que Dieu, dans sa sage pré-
voyance, n'est pas plus à même de créer des organes sans fonctions que des fonctions sans organes ;
il ne s'amuse pas à établir des causes sans avoir
l'intention d'en obtenir des effets. Aux naturalistes qui m'objecteront que les yeux des Hélices
sont incomplets et non conformés pour reproduire

[1] Après avoir lu mon article *sur la faculté de voir qu'ont
les Gastéropodes*, le savant Bourguignat, notre maître à tous
en malacologie, écrivit la note suivante sur la marge de mon
manuscrit : «Les Mollusques voient parfaitement ; leurs
yeux sont aussi complets que ceux de l'Homme : ces animaux
voient, sentent et entendent ; les huîtres mêmes possèdent
des yeux sur le bord du manteau et voient».

Je suis parfaitement de l'avis de M. Bourguignat, et je ne
laisse exister cet article que pour ceux qui douteraient encore de l'existence du sens de la vue chez les Gastéropodes.

les images des objets ambiants, je répondrai que
peut-être ces yeux saisissent les images de toute
autre manière que ceux des animaux supérieurs;
que ce sens de la vue, quoique rudimentaire comme
les organes d'où il émane, n'en existe pas moins;
le fait que je vais rapporter semble du moins le
prouver.

Pendant mon séjour à Paris, je recueillis dans le
bassin circulaire du Jardin des Plantes quatre *Pla-
norbis corneus* que j'emportai dans le Midi, et que
j'ai conservés pendant seize mois dans une cuvette,
les nourrissant avec du petit son, dont ils étaient
très-friands.

Je leur donnais à manger ordinairement le soir,
à la nuit close, et à la lueur d'une bougie. Après
leur avoir distribué la pâtée en trois ou quatre petits tas et au bord de l'eau, j'assistais souvent à leur
repas, les regardant manger pendant des demi-
heures entières.

Au bout de cinq ou six mois, je m'aperçus que,
dès que je paraissais avec la lumière et à peu près
à l'heure habituelle, mes quatre pensionnaires se
hâtaient, autant que peuvent se hâter des Planorbes, de venir s'aligner régulièrement et côte-à-
côte, de mon côté de la cuvette, pour procéder à
leur régal.

Que l'on ne croie pas qu'ils étaient attirés par une
odeur émanée du petit son et allant impressionner

un organe d'un sens quelconque à travers le liquide, car mes quatre intelligents Mollusques faisaient les mêmes évolutions et venaient à moi ou à la lumière, lors même que je ne leur distribuais aucune pâture ; or donc ce ne pouvait être que la lumière qui les attirait, qui les guidait, sinon un sens inconnu et mystérieux pour nous.

Lorsque mes Planorbes touchaient au son, avant de commencer leur repas ils se balançaient un moment et finissaient par s'établir solidement sur leur pied, au bord de la cuvette ; puis, ouvrant brusquement leur méat respiratoire, ils lançaient une note aiguë, mais douce et presque harmonieuse comme un son de flûte, et que j'entendais, dans le silence de la nuit, de la pièce voisine.

Les naturalistes savent, pour peu qu'ils aient observé, que les Limnées, les Planorbes, etc., etc., ont la faculté de produire un son, une note, en lançant brusquement une bulle d'air par l'orifice de la cavité pulmonaire ; mais dans le cas que je cite, c'était une habitude constante de mes Planorbes, c'était le prélude invariable de leurs repas.

Était-ce une manifestation de contentement, ou bien voulaient-ils simplement, faisant le vide dans leurs poumons, faire de la place à la masse alimentaire qu'ils allaient absorber ? Je ne sais ; dans tous les cas, que ceux qui me soupçonnent d'exagérer se condamnent à faire ménage, pendant un

laps de temps convenable, avec des Planorbes, et
ils verront !

Bien des faits admis aujourd'hui par la science
ont été niés pendant des siècles, faute d'observations assez suivies et d'investigations assez minu-
tieuses.

Quand nos maîtres ont voulu se rendre compte
de certains phénomènes physiologiques observés
chez les animaux inférieurs, n'ont-ils pas souvent,
faute d'explication rationnelle et admissible, soup-
çonné chez ces êtres des facultés incomprises, expression de quelque sens inconnu ? Les Hélices ne
peuvent-elles percevoir la présence, les formes, les
couleurs des objets ambiants avec leurs yeux, par
un procédé de vision qui est encore le secret du
Créateur ?

L'Homme, dans son exclusivisme orgueilleux,
n'accorde que difficilement aux animaux inférieurs
des perfections qui les font monter dans l'échelle et
les rapprochent de l'humanité ; dans son amour-
propre excessif, il est bien aise de laisser à une
grande distance derrière lui ces petits êtres qu'il
méprise ; aussi, dans son aveuglement, ne daigne-
t-il pas observer avec attention, restant ainsi dans
l'ignorance de bien des phénomènes de la vie animale.

De ce que les Hélices vaguent principalement pendant la nuit, je dis qu'il faut bien qu'elles y voient

d'une certaine façon, puisqu'elles distinguent parfaitement la nuit d'avec le jour. On explique d'ailleurs très-bien cette préférence que les Hélices accordent à la nuit pour vaquer à leurs petites affaires, par la constitution même de ces Mollusques, qui redoutent les chaleurs du jour et les rayons solaires.

L'Hélice est fort goulue de sa nature, et les grosses espèces consomment une grande quantité de nourriture. Depuis plus de deux ans, je tiens séparément en cage un *Zonites algirus* et une *Helix pomatia* (le Peson et la Vigneronne de Bourgogne) que je nourris avec du son.

Le *Zonites algirus*, qui ne goûte pas aux substances végétales, a mangé dans un seul jour plus d'un grand dé de cette nourriture ; l'*Helix pomatia* en dévore à peu près autant, en y ajoutant encore la moitié d'une grosse feuille de laitue.

Ayant ramassé cette *Helix pomatia* dans une prairie des bords de l'Eure, à Ivry-la-Bataille, je la roulai dans une grande feuille de journal, et l'enfermai dans le fond de ma malle. Lorsque, quinze jours après, à mon retour dans le Midi, je retirai ce Mollusque de dessous mes effets, je le trouvai libre et dégagé de ses enveloppes, qu'il avait dévorées en guise de passe-temps pendant sa longue captivité.

Lorsque l'Hélice, satisfaite et repue, veut se livrer pendant quelque temps aux douceurs du *far niente*, elle se retire dans sa coquille, dont elle ferme l'ouverture avec une mince cloison blanche, de nature mucilagineuse ou mucoso-calcaire ; mais après l'automne, quand, les frimas arrivant, elle veut hiverner, elle sait ordinairement se choisir une retraite cachée, au fond de laquelle elle se fixe au moyen d'un épiphragme beaucoup plus solide et plus calcaire.

La nature, mère féconde, conforme les Hélices selon les conditions climatériques de la contrée qu'elles habitent ; sans cela un grand nombre d'espèces auraient disparu depuis longtemps.

Bien des espèces littorales, communes aux régions méditerranéennes du nord de l'Afrique et du midi de l'Europe, une fois retirées au fond de leur coquille et garanties par un épais et robuste épiphragme, peuvent supporter, sans mourir, un jeûne de plusieurs années.

Un ami de Blidah m'ayant envoyé plusieurs espèces africaines que j'oubliai au fond d'une boîte pendant sept ou huit mois, je fus assez étonné, au bout de ce laps de temps, de trouver en parfait état de santé des *Zonites candidissimus* que j'avais jetés dans l'eau pour les nettoyer.

Je crois devoir citer un fait bien plus étrange, extrait d'un rapport de la Société climatologique algérienne :

Le baron Henri Aucapitaine, dans un Mémoire

lu à la Société de climatologie algérienne, le 4 novembre 1864, sur l'Hélice laiteuse de Müller, raconte que ces Limaçons terrestres abondent tellement dans les steppes de l'Algérie orientale, qu'en certaines parties du désert où règne une chaleur constante de 50 à 55°, et où ne se montre pas la moindre trace de végétation, le sol semble blanchi par les amas des Mollusques en question.

Il avait conservé une douzaine d'échantillons de ces Helix recueillies vers la fin de 1858, sur la route de Touggourt à Ell-Oued, route où, soit dit en passant, il n'était point tombé depuis cinq années une seule goutte d'eau.

En août 1862, à Alger, il retrouva ses Hélices laiteuses oubliées au fond d'une caisse, entassées dans un sac en papier ayant contenu du tabac, et enfoncées sous des papiers et des livres.

Il les jeta dans l'eau afin de les nettoyer.

Quel ne fut pas son étonnement lorsque, le lendemain matin, il ne retrouva plus à leur place ces coquilles! Elles s'étaient échappées du vase, et, pleines de vie, se promenaient toutes les douze sur les meubles du cabinet de M. Aucapitaine.

Il y avait trois années et demie que ces Mollusques ressuscités restaient complètement privés d'air au fond d'une cantine fermée et placée dans un magasin sous d'autres caisses, à Blidah.

En faisant abstraction des cinq années pendant

lesquelles il n'était pas tombé d'eau dans la région où elles avaient été recueillies, il n'en reste pas moins trois années et demie durant lesquelles il y a eu, chez ces Hélices, suspension complète de la vie.

Ce phénomène (suspension des fonctions vitales) a été constaté par d'éminents zoologistes, et entre autres par Férussac, Caillaud , Fischer et Gaskoing.

Les deux faits suivants prouvent encore mieux combien certaines Hélices sont vivaces:

Ayant recueilli, sur la route d'Aniane à Saint-Jean-de-Fos, un plein flacon d'*Helix variabilis* de la petite espèce, et voulant les tuer pour extraire l'animal de la coquille, en arrivant chez moi je remplis d'eau bouillante le flacon contenant ces Hélices; cette eau était pour le moins à la température de 95°.

Quand je voulus, une heure après, procéder à l'extraction des animaux, je fus fort étonné de trouver mon flacon à moitié vide et les *variabilis* vaguant à droite et à gauche.

A la fin du XVIIIe siècle, Spallanzani annonça que plusieurs Escargots qu'il avait décapités sortirent au bout de plusieurs mois de leur coquille, munis d'une nouvelle tête complètement repoussée. La même expérience a été renouvelée plusieurs fois avec succès.

Les Hélices sont généralement herbivores et frugivores : nos vignes et nos jardins en savent quelque chose. Il en est qui, habitant de préférence dans les lieux sombres et humides, se nourrissent de mousses, de lichens et de certains cryptogames gras et gélatineux qui tapissent les parois des cavernes et des crevasses rocheuses; telles sont les *Helix cornea, glabra*, le *Zonites lucidus*.

Les Hélices étant des êtres humbles et timides, on est généralement loin de leur attribuer des instincts féroces et carnassiers; il en est pourtant parmi elles qui sont voraces et carnivores, et j'ai souvent surpris dans mes excusions le *Zonites algirus* (le Peson.) dévorant goulûment les Helix de grande taille, *H. aspersa* et *vermiculata* (la *Chagrinée* et la *Vermiculée*, en patois la *Cagaraüla* et la *Mourguéta*).

La Providence a voulu que dans toutes les familles animales, depuis l'infime et moléculaire Zoophyte jusqu'au noble animal qu'on appelle l'Homme, les masses fussent exploitées et dévorées par quelques individus de leur espèce; le plus humble, le plus débonnaire parmi les êtres de la création: le Mollusque, n'est pas à l'abri de cette loi fatale; il a son *Peson*, comme le Vertébré a son tigre et sa hyène, comme l'humanité a son égoïste ambitieux.

Le *Peson* est l'ogre de sa race; il fuit le grand jour et se tient d'habitude dans les lieux sombres et solitaires; il se plaît dans les fossés bas, humides, ombragés d'épais buissons, bordés et encombrés de vieilles murailles éboulées ; comme un brigand, il se cache au milieu des ruines, ou bien encore dans les touffes impénétrables des chênes-verts qui garnissent les pentes et les bas-fonds les plus boisés de nos montagnes.

Néanmoins ce misanthrope n'habite pas toujours dans une Thébaïde éloignée ; il recherche souvent, au contraire, les recoins voisins des habitations où l'homme va discrètement déposer le résultat final de sa digestion. Pour que ce Mollusque sauvage se rapproche ainsi de l'Homme, il faut qu'un intérêt majeur le pousse : en effet, outre qu'il dévore ses congénères, il a aussi des goûts dépravés et recherche avec avidité les excréments humains.

Un jour j'ai rencontré un *Peson* qui, faute de mieux, se repaissait avec délices des entrailles d'un gros Lézard mort, dans le ventre duquel il fouillait à belles dents.

Le campagnard, qui connaît les sales habitudes de ce Mollusque, ne le mange pas habituellement; pourtant quelques personnes en font leur nourriture quand il a été ramassé loin de tout lieu habité, et qu'il ne lui a pas été possible de se livrer à des festins coprolifiques. Dans tous les cas, ce Gastéropode, outre qu'il a un fumet sauvage de musc ou plutôt de castoréum, est le plus coriace des Escargots.

Quand le *Peson* est dans un habitat convenable et selon ses goûts, il acquiert des dimensions vraiment extraordinaires que n'a jamais atteintes aucune Hélice d'Europe ; j'en ai vu qui approchaient d'un diamètre de 7 centim. Certaines contrées de l'Hérault sont la patrie de prédilection de ce Mollusque ; le *Peson* des environs de Marseille, dont je possède un grand nombre d'échantillons, est un crétin à côté du nôtre, quoique son test soit plus lourd et plus solide.

Ce type de Mollusque stercophage et cannibale, malgré ses instincts féroces et ses goûts dépravés, a des allures plus humbles et plus rampantes qu'aucun autre de sa race.

Il évite de se mettre en évidence ; on ne le surprendra jamais grimpant sur une tige de plante ou d'arbrisseau ; il va sournoisement et terre-à-terre devant lui, profitant des plantes, des pierres et de tous les accidents du sol pour se dérober aux regards.

Quand ce Mollusque hypocrite et goulu s'arrête pour digérer un copieux repas, s'il n'a pas à sa portée l'abri d'un buisson, d'une vieille muraille, d'un trou de lézard, il soulève la terre, sous laquelle il s'enfouit et se cache en entier.

On peut parfaitement le comparer à un type humain de l'ère actuelle, au *Peson* administratif, qui, sous le masque de Jacques Bonhomme et derrière le *faciès* souriant et obséquieux de M. Jovial, a le cœur atrophié dans la poitrine et compromet et dévore impitoyablement ses administrés, pour satisfaire plus aisément ses appétits ambitieux [1].

On a généralement une fausse idée de l'Hélice, parce qu'on n'a pas pris la peine de l'observer. Écoutons un moment en quels termes M. L. Figuier rend justice à ses mérites : « Sans être, dit-il, l'emblème de l'intelligence, l'Escargot n'est pas un imbécile ; il sait très-bien choisir sur un arbre le fruit le mieux à sa convenance ; s'il est une belle grappe de raisin, une poire succulente que l'horticulteur dévore du regard, espérant bientôt la dévorer autrement, soyez sûr que c'est précisément ce fruit que choisira notre déprédateur éclairé : il a donc en partage un jugement, une comparaison, une appréciation intelligente. »

Les Hélices sont de véritables androgynes [2], qui ont les deux sexes sur le même individu ; néanmoins elles ne peuvent se féconder elles-mêmes, et dans l'accouplement qui est nécessaire, elles jouent simultanément le rôle de mâle et de femelle ;

[1] Je dois rappeler au lecteur que j'écrivais ces lignes en 1869 ou 1870, c'est-à-dire à la fin de l'Empire.

[2] Les Hélices sont simplement androgynes ; si elles pouvaient se féconder elles-mêmes, elles seraient hermaphrodites comme les huîtres.

telle est du moins l'opinion généralement adoptée jusqu'à ce jour ; mais le savant observateur Bourguignat prétend que, malgré le double accouplement des deux Hélices, chacune joue un rôle différent, une seule étant fécondée et l'autre remplissant les fonctions de mâle seulement ; il est pourtant probable que chacune des deux Hélices joue à son tour, mais peut-être dans des copulations différentes, tantôt le rôle de mâle et tantôt celui de femelle.

Lorsque l'Hélice sent ce besoin instinctif et irrésistible qui s'empare en temps propice de tous les êtres animés de la création, si infimes qu'ils soient, lorsque l'Hélice, dis-je, veut propager son espèce, elle cesse de manger pendant quelques jours, ou du moins elle mange très-peu. On dirait que, comprenant l'importance de l'acte qu'elle va accomplir (car elle y procède avec une espèce de lente solennité), et que voulant obéir aux injonctions du Créateur, qui lui impose l'obligation de se perpétuer dans des générations successives, elle se met en quête d'un de ses semblables.

Ce n'est plus alors une Hélice qui rampe, mais c'est une créature qui glisse gravement et majestueusement tout droit devant elle, la tête haute, les tentacules verticalement tendus, expressifs et non tâtonnants ; sa contenance et ses allures respirent le désir et presque la fierté ; l'on devine que ce modeste animal, naturellement hésitant et timide, est en train d'exécuter, je le répète, les ordres de la Providence, qui exige de lui la reproduction de sa race encore utile à l'homme et à bien des animaux utiles à l'homme.

Je cite le fait suivant, que j'ai eu l'occasion d'observer sur deux *Helix melanostoma* que je nourrissais sous cloche.

Lorsque les deux individus se furent suffisamment rapprochés, ils se dressèrent verticalement dans la moitié antérieure de leurs corps, leur autre moitié restant appliquée sur le sol, la pointe de la coquille en bas.

Il s'embrassèrent alors dans une étreinte, leur corps formant la spirale, et les tentacules dressés en avant s'entre-croisant et s'agitant en plusieurs sens.

Cet embrassement, qui dura plusieurs heures, se répéta deux fois dans le même jour.

Les Hélices pondent dans la belle saison des œufs qui, plus ou moins gros selon les espèces, sont de forme ronde et elliptique ; la coque de ces œufs, composée de substance calcaire liée par du mucus, offre en petit la consistance des œufs de poule ou de tout autre oiseau.

Il est des Hélices dont les œufs atteignent la grosseur d'un pois ; on ne sera pas étonné de cette

grande dimension des œufs de certaines Hélices,
quand on saura que les œufs des grands Bulimes
(genre très-voisin des Hélices) des contrées chaudes de l'Amérique, sont aussi gros que ceux de
pigeon. Qui se serait douté que les habitants de
ces heureuses contrées ont la faculté de manger des
omelettes aux œufs d'Escargot !

Les Hélices déposent les œufs dans le tronc et au
pied des vieux arbres, sous des feuilles mortes et
humides, quelquefois en mettant un grand nombre
ensemble; elles ont la précaution de les enfouir
dans la terre : c'est ainsi que fait notre *Helix aspersa*
(la Chagrinée).

Les petits ne tardent pas à éclore; ils sortent avec
leur coquille très-fragile et transparente comme du
verre; mais peu à peu celle-ci se durcit et, se char-
geant de carbonate de chaux, finit par devenir
opaque dans la plupart des espèces.

L'accroissement des Hélices, qui est très-rapide
dans le premier âge, se ralentit beaucoup en appro-
chant de l'âge adulte ; il en est même dont le bord
péristomien ne cesse d'être droit et tranchant que
dans la seconde année.

Les Hélices sont très-nombreuses en espèces ; on
les trouve dans tous les climats, sous toutes les
zones, à toutes les expositions; les unes vivent en
effet dans les régions des neiges perpétuelles (*Helix*

carascalensis, alpina, glacialis ; les autres au contraire périraient infailliblement, si elles n'étaient constamment exposées aux ardeurs d'un soleil méridional (*Helix muralis, explanata*).

Quelques-unes se plaisent dans les endroits sombres et humides (*Zonites cristallinus, Helix rotundata*) ; d'autres recherchent de préférence les lieux secs et la grande lumière (*Helix variabilis, elegans, Zonites candidissimus*).

On peut dire, avec M. L. Figuier, qu'il n'est point de coin de terre habitable par des êtres vivants qui ne fournisse son contingent au genre Hélice; on doit ajouter cependant que le nombre des espèces augmente à mesure que l'on descend vers les contrées chaudes et tempérées ; ainsi, les pays du nord de l'Europe sont bien loin de posséder autant d'espèces que les régions voisines de la Méditerranée.

La Providence a répandu sur toute la surface habitable du globe une abondante semence de Mollusques, afin de procurer à l'homme et aux animaux utiles à l'homme une nourriture saine et facile à recueillir.

J'avais d'abord compris dans ce premier chapitre l'histoire économique des Hélices ; mais, pour ne pas le surcharger, j'ai pris le parti de traiter de cette matière seule dans un second chapitre.

CHAPITRE II

Histoire économique des Hélices

Comme je viens de le dire, ce chapitre II sera uniquement consacré à l'histoire économique des Hélices.

Nous voyons tous les ans, dans les journaux, nos savants statisticiens et économistes énumérer avec emphase les quantités considérables de toutes choses que l'on consomme annuellement, mensuellement et même journellement dans la capitale.

Je ne sache pas qu'un seul d'entre eux ait jamais relaté les quantités d'Escargots livrées à la consommation. Ce silence de nos journalistes sur les Limaçons prouve, il me semble, que ces Mollusques n'entrent pas encore pour une part appréciable dans la consommation des masses ; je me hâte néanmoins de constater que nous sommes loin de cette époque où les Parisiens nous appelaient par dérision mangeurs d'Escargots, et où les aubergistes de la banlieue de Paris faisaient payer la marmite dans laquelle les méridionaux avaient préparé un régal de ces Mollusques. Le Parisien s'est en partie ravisé, et, soit par goût, soit par économie, soit par nécessité même (car Paris a ses misères comme la province, quoiqu'il soit l'enfant gâté du budget), le Parisien, dis-je, a fini par comprendre que l'Escargot est un aliment sain, nutritif et même de facile digestion pour des estomacs non encore usés par les excès de la civilisation[1].

Malgré l'opinion de quelques naturalistes qui, en ceci comme en bien d'autres questions, ne sont que des moutons de Panurge, admettant sans examen les assertions erronées de leurs devanciers, je soutiens que l'Escargot est de facile digestion, car, malgré le nombre effrayant de douzaines qu'en mangent certaines personnes, je n'ai jamais été appelé pour remédier aux abus de cette nourriture ; on voit même, qui plus est, bien des malades épuisés par des souffrances longues et cruelles, ayant atteint les dernières limites du marasme, digérer sans peine plusieurs douzaines de Limaçons crus, lorsque leur estomac paresseux et délabré ne supporte que très-difficilement une petite quantité de lait d'ânesse.

[1] En l'année 1868, Paris ne consomma qu'environ un million d'Escargots provenant de la Côte-d'Or, de l'Yonne, de l'Aube, de l'Aisne, de l'Oise, de Seine-et-Oise, de Seine-et-Marne, etc. etc. C'est une quantité infime pour une si grande masse d'habitants, puisque ce n'est pas un Escargot par tête.

Je connais un pauvre père de famille, soldat de Crimée, amputé d'une cuisse, qui ne pouvant, à cause de son infirmité, s'adonner aux travaux de la campagne, ramasse toute l'année des Escargots, avec lesquels il nourrit presque exclusivement sa femme et ses enfants, et tous jouissent de la santé la plus florissante.

Une fois les qualités de notre Invertébré bien admises, et conséquemment les préjugés détruits, il deviendra, pour la classe ouvrière principalement, une ressource alimentaire précieuse par son abondance et son bas prix, quand surtout bien des substances moins régénératrices que l'Hélice renchérissent tous les jours et acquièrent des prix auxquels les modestes bourses ne peuvent atteindre.

Si la médecine a rayé de son Codex une infinité d'agents thérapeutiques de nature animale, l'Hélice a résisté à cette proscription. Au commencement de ce siècle, le Dr Chrestien, médecin célèbre de Montpellier, mit en vogue et employa avec succès, contre les bronchites et les maladies pulmonaires, les bouillons d'Escargots; il faisait encore avaler aux malades des Escargots crus et roulés dans du sucre pilé. A ces préparations, toujours très-usitées dans le midi de la France, il en faut ajouter d'autres, comme la pâte pectorale d'Escargots d'Oscar Figuier.

On attribue les propriétés émollientes des Hélices

à un principe mucilagineux de nature mucoso-gélatineuse.

M. Oscar Figuier a retiré de l'Hélice une huile animale odorante et sulfureuse qu'il a nommée hélicine, et qu'il croit être le principe actif de ces Mollusques. Bien des personnes, après avoir mangé des Limaçons, éprouvent le besoin de dormir : cette action soporifique ne résiderait-elle pas dans quelque principe constituant de l'hélicine, substance encore peu connue?

Pendant les hivers longs et rigoureux (comme celui de 1867 à 1868), beaucoup de Limaçons sont tués par les gelées, et les espèces deviennent rares pendant une ou deux saisons. On pourrait, si toutefois la consommation augmentait grandement, remédier à cet inconvénient en créant, à l'exemple des Romains, des escargotières *(Cochlearia)*, où ces Mollusques trouveraient des abris convenables contre les intempéries des saisons ; sans compter qu'en leur faisant subir un régime choisi avec intelligence, comme le faisait le Romain Fulvius Hirpinius, ces animaux gagneraient en qualité et en grosseur. Comme il y a déjà la mytiliculture et l'ostréiculture, il y aurait la cochléiculture, et cette troisième industrie serait aussi précieuse que les deux autres sous le rapport économique.

Les faits nombreux qui vont suivre prouvent que, dans l'antiquité comme dans le moyen âge, comme aussi dans les temps modernes, les Hélices n'ont jamais cessé d'être considérées comme un aliment précieux par toutes les classes de la société.

Les quartiers de noblesse du Limaçon remontent à une époque très-reculée. En effet, outre que l'on trouve des tas de coquilles d'Hélices dans les cavernes habitées par l'Homme primitif de l'âge de pierre, il en est déjà question, sous le nom de *Schibeloul*, au 9e verset du Psaume LVIII de la Bible hébraïque (LVII de la Vulgate)[1].

[1]

4	3	2	1	Lisez de droite à gauche.
וַיַּהֲלֹךְ	תֶּמֶס	שַׁבְּלוּל	בְּמוֹ	
Ielach	thaumes	Schibeloul	camou	
abeat	liquefactus	Limax	sicut	

Le rabbin Berezith Rabba traduit *Schibeloul* par *Cochlea Limax*; Rabbi-Salomo, Aben Ezra, Kinchi, etc., traduisent par : *ut Limax (vel Cochlea) liquescens.*

Le *Grand Dictionnaire hébreu* des Carmes déchaussés, publié sous les auspices du cardinal Passioneï, le *Lexicon hebraïcum* de Buxtorf, l'*Epitome thesauri linguæ sanctæ* de Xantes Pagnini, traduisent tous les trois שַׁבְּלוּל *(Schibeloul)* par *Limax*.

Mohed-Katou, chap. I, pag. 6, dit : *Schibeloul est reptile quod, cum egreditur e conchâ suâ, saliva fluit ab ipso, donec planè liquescat et moriatur.*

Bossuet, dans son *Liber psalmorum*, tom. IX, édition de l'Aigle, traduit ainsi saint Jérôme : *Quasi vermis tabefactus pertranseat.* Évidemment, d'après saint Jérôme et autres, le

L'Escargot était pour les druides ce que le Scarabée sacré était pour les prêtres égyptiens : un symbole de l'immortalité. Souvent on trouve dans les tombeaux gaulois que l'on exhume, soit une coquille d'Escargot, soit une image sculptée de cette coquille.

Les Romains du commencement de l'Empire, qui ne le cédaient nullement à nos gourmets modernes, soit par la disposition et la somptuosité de leurs festins, soit par leur savoir en l'art culinaire, avaient en grande estime les Hélices, qui entraient pour une bonne part dans l'alimentation, non-seulement de la classe plébéienne, mais aussi de la

mot *Vermis* est le nom générique, au lieu du nom de l'espèce *Limax*.

Le texte hébreu ne peut avoir et n'a d'autre sens que celui des commentateurs cités ci-dessus, et le scholiaste du Talmud, par son explication, le rend très-clair.

J'insiste de la sorte sur la signification du mot *Schibeloul*, parce que les Septante, ayant sans doute puisé dans un autre texte, ont traduit : Ὡσει κήρος ταχεὶς ἀνταναίρεθήσονται (*sicut cera liquefacta destruentur*).

Si quelques commentateurs de la Bible ont été induits en erreur par cette traduction des Septante, la grande majorité ne l'admet pas; et en effet *Schibeloul* ne peut se traduire par le mot κήρος, *cera* (cire) : cette traduction vicieuse du mot *Schibeloul* par κήρος ne donnerait pas un sens clair au 9ᵐᵉ verset du Psaume LVIII.

classe patricienne; on trouve encore, principalement dans le centre de la France, sous les décombres des anciennes villas des conquérants de la Gaule, des tas considérables de coquilles d'Hélices (*Helix pomatia* et *aspersa*).

Le naturaliste Pline et M. Terentius Varro rapportent que, de leur temps, les Romains parquaient les Hélices dans des enclos disposés exprès et appelés *Cochlearia*. Ils les élevaient avec soin, les nourrissant avec de la farine, du vin cuit, des plantes aromatiques et divers autres aliments, pour les engraisser, les rendre succulentes, plus parfumées et leur faire acquérir une grosseur prodigieuse.

Ce fut Fulvius Hirpinius qui, le premier, mit l'Escargot en vogue et dépensa des sommes considérables pour parvenir à lui donner des qualités auxquelles il attachait beaucoup d'importance.

Fulvius Hirpinius, entre autres choses, leur donnait du son et de la lie de vin.

Bien avant Hirpinius, les Romains mangeaient des Escargots dans les repas funéraires qu'ils faisaient autour de la tombe des personnes qui leur avaient été chères, et dont ils voulaient honorer la mémoire ; on trouve une preuve de cette coutume antique dans les tas considérables de coquilles de ces Mollusques disséminées sur le sol des cimetières de Pompéi.

Chez les Grecs, chez les Romains, comme chez

d'autres peuples de l'antiquité historique, la plupart
des croyances et des usages provenaient, par tradition successive, des peuples plus anciens qu'eux
et pour ainsi dire primitifs. Les peuples dans leur
enfance sont très-crédules : ne possédant aucun de
ces nombreux moyens d'investigation que les sciences modernes ont mis à notre disposition, ils étaient
bien aise, dans leur esprit naïf et enclin au merveilleux, d'attribuer à une cause surnaturelle des
faits que nous expliquent aujourd'hui la plus simple
observation et les notions les plus élémentaires des
lois de la nature.

Ces peuples enfants enfermaient les cadavres de
leurs parents dans une grotte naturelle, ou dans une
crypte formée par un entassement de blocs de rochers. Quand, pour ensevelir un nouveau corps, ils
rouvraient ces demeures mortuaires, ils trouvaient,
en compagnie de leurs aïeux momifiés, différentes
Hélices rampant sur les parois de la caverne ou de
la crypte, sur les cercueils et souvent même à la
surface des corps, sur la figure desquels elles lais-
saient des traces luisantes et argentées de leur passage, et peut-être même, le croyaient-ils du moins,
de leurs caresses, de leurs baisers humides.

Ces hommes de la nature ne voulaient pas savoir
que certaines espèces d'Hélices, tout en s'abritant
dans ces lieux sombres et humides contre les ardeurs d'un soleil tropical, trouvaient là de quoi se

sustenter sur les moisissures cryptogamiques ; ils aimaient mieux attribuer la présence des Limaçons dans les tombeaux à un attrait sympathique, à des relations mystérieuses entre ces Mollusques et les âmes de leurs ancêtres.

Est-il étonnant, après cela, que les hommes primitifs aient fait participer à leurs cérémonies funèbres l'Escargot, cet être compassé, grave, silencieux, menant une vie souterraine et affectionnant spécialement les lieux funèbres où reposaient les dépouilles mortelles de leurs pères ?

Les repas funéraires des Romains n'étaient donc que le souvenir de cette vieille tradition remontant jusqu'aux hommes de l'âge d'or, que les archéologues actuels appellent âge de pierre. *O tempora, o mores !* combien nous sommes loin de cet âge d'or, de ces croyances naïves et consolantes ! On ne croit même plus aujourd'hui à l'existence de l'âme de ses ancêtres ; l'agonisant du dix-neuvième siècle n'a même pas la consolation de croire que son âme va se réunir à celle de sa mère, de sa femme et de ses enfants !

Les Hélices les plus estimées du temps de Pline venaient d'Astypalée, l'une des Cyclades, de Sicile, des Baléares, de Caprée, d'Illyrie et d'Afrique. Avec les moyens de transport lents, difficiles et coûteux de cette époque reculée, les Hélices devaient monter à des prix fabuleux, une fois rendues à

Rome; d'où il est rationnel de conclure que les Romains étaient grands amateurs de cet intéressant Mollusque, que nos lilliputiens Lucullus d'aujourd'hui affectent de dédaigner.

Plus tard, et même à des époques rapprochées de la nôtre, dans certaines contrées l'Escargot fut en si haute estime comme substance alimentaire, qu'il devint exclusivement la nourriture des classes privilégiées. Ainsi, dans le Danemark, la noblesse et les gens élevés en dignité eurent seuls le droit de manger l'heureux Limaçon.

Müller, le célèbre naturaliste danois, s'exprime en effet en ces termes, au sujet de l'*Helix pomatia* : *Hieme colligitur, culinisque nobiliorum civium infertur.*

» Un préjugé regrettable, dit M. Michelet, a jusque dans ces derniers temps éloigné les peuples d'Occident d'une source d'alimentation des plus riches et des plus exquises. Quand, parmi ces peuples, les fins gourmets se font une gloire de savourer avec délices le gibier faisandé, presque pourri, en lui laissant encore dans les entrailles les débris non digérés des végétaux et des insectes dont il fait sa nourriture, quel droit ont-ils de repousser l'alimentation de l'Escargot, et, j'ose dire aussi, de l'Insecte, oui, de l'Insecte? »

Si je m'éloigne un peu de mon sujet, les Mollusques, c'est pour démontrer combien nous, qui

nous disons emphatiquement le peuple le plus ci-
vilisé, le plus éclairé, le plus judicieux appréciateur
en toutes choses, nous sommes peu aptes à tirer
parti des nombreuses ressources que la Providence
a semées sous nos pas à profusion.

Outre que chaque trou de vieille muraille, chaque pierre humide, chaque touffe d'herbe, nous
donne, avec l'Escargot, une pleine bouchée de
nourriture saine pour la poitrine, agréable au palais,
profitable pour l'estomac, chaque plante, chaque
feuille d'arbre et de plante nous offre sa Saute-
relle ou sa Chenille, cette manne constante que
les peuples d'Asie, si bien partagés d'ailleurs en
toute autre sorte d'aliments, mangent avec délices,
lorsque nous, peuples d'Occident, nous regardons
avec crainte et horreur ces êtres ailés et rampants,
n'osant même les toucher et les regardant comme
des bêtes vénimeuses.

Les prophètes, les cénobites, les solitaires qui
peuplaient les grottes du Carmel et les déserts de
la Thébaïde, n'avaient pour toute nourriture que
des Sauterelles. Les Sauterelles abondent sur tous
les marchés de l'Orient, où on les mange comme
dessert et friandise; on en charge des vaisseaux, et
il s'en fait un trafic immense.

Les califes, les rois, les empereurs d'Orient se
délectent avec des Sauterelles; le calife Omar en
raffolait.

Le savant et célèbre voyageur Lalande, s'élevant au-dessus de tous les préjugés, mangeait la Chenille, à laquelle il trouvait le goût de l'amande; mais il préférait de beaucoup l'Araignée, à laquelle il trouvait le goût plus délicat de la noisette.

Il est sur le bambou, au Brésil, un insecte, un ver, le *Malalis*, dont la tête est un poison mortel, et dont le corps fondu et dissous donne un beurre, une crème exquise avec laquelle on assaisonne les aliments. Cette crème produit un effet doux et légèrement narcotique qui procure, au dire des Indiens du pays, un sommeil bercé de songes dorés.

La Portugaise du Brésil s'endort dans un nonchalant *coma* provoqué par le beurre du *Malalis* insecte, en mangeant des bombons aux Fourmis, encore insectes.

Les Romaines de la décadence mangeaient un Lepidoptère, le *Cossus*, pour recouvrer les formes amples et suaves qu'elles avaient perdues dans les excès d'une vie dissolue.

Fabricius rapporte que les femmes turques qui habitent l'Égypte mangent un Coléoptère, le *Blaps*, pour se faire engraisser et donner à leurs membres des contours voluptueusement arrondis.

Que de faits je citerais encore qui paraîtraient monstrueux à n'y pas croire, si j'énumérais toutes les friandises des peuples de l'extrême Orient, de ces contrées où la chaleur et l'humidité semblent avoir perpétué les innombrables familles d'insectes des mondes anciens !

Je conviens, il est vrai, que le Limaçon n'est plus aussi dédaigné et tend à se réhabiliter; mais combien avons-nous à progresser, nous, enfants d'Occident, pour arriver à ce degré de perfection qu'ont atteint les Orientaux en fait d'alimentation !

En France, où le caractère national exige malheureusement que l'on mette de l'ostentation en toutes choses, les gens du haut monde croiraient déroger en manifestant leur appétence pour l'Escargot, humble Mollusque placé presque au dernier rang de l'échelle animale.

A Paris, si les Escargots sont à peu près bannis de la table de nos modernes Crésus, il est vrai de dire aussi que ces grands seigneurs de nouvelle façon se dédommagent de leur gêne et de leurs privations lorsqu'ils en trouvent l'occasion en province; nous les avons vus faire presque uniquement leur repas d'une *Carcassonnaise* d'Escargots, et toucher à peine aux mets recherchés qui couvraient la table. Avouons de suite que la plupart de ces messieurs n'avaient pas encore oublié les qualités d'un aliment qui leur avait été familier dans leur jeunesse, et dont ils avaient fait jadis maints bons repas, faute de mieux.

Quand les proconsuls romains, ces maîtres omnipotents des provinces de la Gaule, ne dédaignaient

pas de faire figurer sur leur table les Hélices vigneronne et chagrinée (*pomatia* et *aspersa*), la première
si commune dans le centre et le nord de la France,
et la seconde si répandue dans le Nord comme
dans le Midi, il est permis de croire que les populations de la capitale et d'autres grands centres
finiront par s'aviser que les Limaçons offrent une
nourriture bien supérieure, sous tous les rapports,
à la sequelle de nos légumes secs, ordinairement
assez chers, très-peu réparateurs, toujours de digestion laborieuse et subséquemment gazeux et
nauséabonds.

Dans le Midi, on ne mange guère les Escargots
sans les avoir fait jeûner pendant un temps plus ou
moins long, afin qu'ils se débarrassent de leur bol
alimentaire végétal. C'est une sage précaution, car
ces Mollusques, n'ayant pas toujours le choix, se
nourrissent de toute espèce de plantes, champi-
gnons, moisissures, etc., etc.

On a vu des personnes éprouver des symptômes
d'empoisonnement pour avoir mangé, immédiatement après les avoir ramassés, des Escargots qui
s'étaient repus sur des plantes narcotiques et véné-
neuses.

Les ouvriers campagnards du Languedoc et d'autres contrées du Midi tirent sagement parti tous
les jours de cette grande abondance de Mollusques
édules que la Providence leur a octroyés. Lorsqu'ils

travaillent dans les vignes ou qu'ils fauchent les
sainfoins et les luzernes, ils ont le soin de ramasser
toutes les grosses Hélices qu'ils trouvent, soit sou-
dées par leur épiphragme aux troncs et aux bras
des souches, soit répandues sur le sol à l'abri des
plantes fourragères. Aux heures des repas, ils en
font des goûters appétissants, après les avoir fait
rôtir sur la menue braise promptement obtenue
par la combustion de quelques broussailles ; ils
appellent ces petits repas la *brasucada*.

Ce que je viens de dire suffira, je pense, pour
prouver l'importance du rôle qu'ont toujours joué
les Hélices dans l'alimentation des peuples ; et si
dans ce dernier siècle notre précieux Mollusque a
été négligé, à coup sûr il ne tardera pas à reprendre
la place qui lui est due, et ses détracteurs, d'ailleurs
de plus en plus rares, n'auront, pour se ranger à
notre avis, qu'à venir dans notre Midi assister à un
régal de carcassonnaise comme on ne saura jamais
en préparer à Paris.

Dans l'Hérault[1], ce sont les Hélices chagrinée
et vermiculée qui sont recherchées; à Montpellier
et autres localités du département, on mange aussi
beaucoup les *Helix pisana, variabilis, cespitum*, qui
sont bien plus petites que les deux autres, mais
aussi bien plus exquises.

---

[1] Depuis que ces lignes ont été écrites, j'ai découvert aux

On mange à Lamalou et autres lieux l'*Helix nemoralis*.

En Provence, on mange encore deux excellents Limaçons qui manquent dans l'Hérault : la Naticoïde (*Helix aperta*) et la Bouche-Noire (*Helix melanostoma*.

Dans les pays Pyrénéens, outre notre H. chagrinée et notre H. vermiculée, on possède et l'on mange une belle et grande Hélice (*Helix apalolena*), qui, en compagnie de quelques autres, nous est arrivée d'Espagne en franchissant les Pyrénées.

Dans le centre et dans le nord de la France, on mange l'H. vigneronne ou Escargot de Bourgogne (*Helix pomatia*).

Je termine ce deuxième chapitre en faisant quelques observations assez judicieuses, je crois, et qui ont leur importance.

1° L'Escargot est une nourriture bien plus appropriée à la nature de l'Homme que les légumes secs et les plantes potagères, ordinairement assez chers et réparant très-peu les forces perdues dans les rudes travaux de la campagne.

environs de Mèze, près du Mas de Garic l'*Helix melanostoma*.

Dans certaines localités de l'Hérault, on mange encore le *Zonites algirus* (le Peson) lorsque, ramassé dans des endroits isolés, il n'a pu se nourrir avec des excréments humains.

2º Le campagnard n'éprouve aucune perte de temps en ramassant les Limaçons pendant ou après la pluie, et quand le sol détrempé ne lui permet pas de travailler aux champs.

3º Tout en faisant provision d'un aliment sain et réparateur, le paysan débarrasse ses vignes et ses jardins d'un Mollusque rongeur, assez abondant certaines années pour compromettre l'avenir de ses récoltes.

CHAPITRE III

Stratigraphie malacologique générale.

Entre le pliocène et l'époque quaternaire, les grandes lois cosmiques déterminèrent insensiblement une grande période de froid qui mit fin à la vitalité et anéantit complètement les nombreux Mollusques de cet âge, dont aucune des espèces trouvées à l'état fossile ne s'est transmise vivante jusqu'à nos jours. La faune malacologique actuelle appartient donc en entier à l'époque quaternaire et n'a été créée qu'après la disparition de la période glaciaire. On ne trouve en effet aucune de ces espèces à l'état fossile dans les dernières couches de l'époque tertiaire [1].

[1] J'ai remis dernièrement à M. le Dr Paladilhe un bloc de Mollasse au centre duquel était enchâssée une *Helix nemoralis* ou *sylvatica* très-bien caractérisée, cette Mollasse provient de Saint-Bauzille-de-la-Sylve, entre Gignac et le Pouget, et appartient à l'étage miocène de l'époque tertiaire;

M. Bourguignat, entre les mains duquel la malacologie est un brillant flambeau qui nous fait voir clair dans les profondeurs des phénomènes géologiques, nous démontre que les Mollusques terrestres et fluviatiles des différents centres de création européenne sont les descendants des espèces primitives qui vivent encore dans les montagnes ouest du plateau central de l'Asie.

Au commencement de notre époque quaternaire, les continents étaient loin d'avoir leur étendue et leur configuration actuelles ; le centre et presque tout le nord de l'Europe étaient encore sous les eaux ; l'Europe était pour ainsi dire un vaste archipel semé d'un grand nombre d'îles parmi lesquelles quelques-unes d'une grande surface.

Il existait néanmoins à cette époque une longue série de montagnes entre l'Atlantique et la partie sud-ouest de l'Asie ; cette succession non interrompue de hauts sommets fut la route par laquelle les Mollusques asiatiques vinrent, dans la durée des siècles, peupler les grands centres de création taurique, alpique, gallique et hispanique.

M. Bourguignat, partant du type primitif asiatique, suit pas à pas ses modifications, ses dégra-

du moins les terrains de cette contrée sont miocènes. Il ne serait donc pas absolument vrai de dire que la faune malacologique actuelle est toute de création quaternaire.

5

dations successives, modifications produites nécessairement par la différence des climats et des milieux nouveaux ; néanmoins, si, sous l'influence de conditions physiques autres que celles de leur patrie d'origine, les Mollusques d'Europe, dans la la suite des siècles, adoptèrent d'autres formes, créèrent même de nouvelles espèces, ils ont conservé les caractères essentiels des types d'où ils dérivent. Je ne citerai qu'un exemple donné par M. Bourguignat : l'*Helix nemoralis*, originaire du grand plateau central de l'Asie, a subi une douzaine de modifications, selon qu'elle habite le Caucase, le Taurus, les Alpes, les Pyrénées ou d'autres centres de l'Europe ; nos *Helix nemoralis*, *sylvatica* et *hortensis* de France ne sont que des modifications de l'espèce asiatique [1].

Par l'exposé que je viens de faire, on voit que l'Europe n'a pas, à proprement parler, de centre de création, puisque ses Mollusques sont originaires de l'Asie, mais qu'elle a seulement des centres d'acclimatation. Pourtant, comme la haute antiquité des centres de création européens a donné aux espèces de chacun d'eux des signes distinctifs,

---

[1] La plupart des faits contenus dans ce chapitre sont puisés dans les œuvres de M. Bourguignat, du moins quant à ce qui concerne les centres de création.

un cachet spécial qui les caractérisent, on leur conserve cette dénomination.

Les études comparatives malacologiques nous apprennent d'une manière incontestable, que les Mollusques d'Europe nous sont venus de la partie sud-ouest de l'Asie. Les traditions anciennes, les récits bibliques placent le berceau de l'humanité à peu près dans les mêmes lieux ; l'Homme , le Mollusque et toutes les races animales actuelles auraient donc la même patrie originelle.

Ce centre général de création ne pouvait être mieux choisi , car, outre qu'il était doué d'une température qui ne pouvait que favoriser la multiplication et le développement des êtres créés, il était tout à fait central, et quand le besoin s'en faisait sentir par suite d'encombrement, les émigrations pouvaient rayonner dans tous les sens, en Europe, en Afrique et en Asie.

Les choses se passèrent absolument ainsi ; les Mollusques actuels, probablement créés avant l'Homme, nous arrivèrent de l'Asie par la route la plus directe, par cette ligne non interrompue de montagnes joignant, d'Orient en Occident, la partie sud-ouest de l'Asie à l'océan Atlantique.

Bien plus tard et à une époque relativement récente, les Hommes, ayant multiplié à l'infini, ne trouvèrent plus dans leur patrie d'origine des ressources suffisantes, et furent dans la nécessité de se disperser dans toutes les directions ; ceux qui gagnèrent en Occident vers l'Europe, furent obligés de prendre la route du nord-ouest, afin de contourner le détroit des Dardanelles et la mer Noire, qui leur barraient le passage.

Depuis longtemps déjà la route suivie par les Mollusques, la ligne des montagnes, avait subi des solutions de continuité, des ruptures comme celle du détroit que je viens de citer. Dieu avait secoué et bouleversé dans quelque grande catastrophe l'ancienne route suivie par les Mollusques, sans égard pour son chef-d'œuvre, pour la créature faite à son image, qu'il faisait ainsi venir peupler les beaux et doux pays de l'Europe méridionale, en condamnant l'Homme à errer pendant des siècles dans les steppes arides de la Russie orientale et à travers les rudes frimas du nord de l'Europe.

Ces avalanches de hordes barbares, roulant toujours du Nord au Midi, dévastant les fertiles contrées de la Gaule et des régions voisines, ne faisaient en cela que se conformer à la tradition de leurs pères et certainement aux desseins de la Providence.

On peut conclure de ce que je viens de dire que tous les êtres vivants actuels ont un centre commun de création, où fut façonné d'abord un seul type par famille ou par race. Cette assertion, je le sais, ne sera pas admise par tous les anthropologistes, dont certains veulent autant de créations que de races ou espèces.

Celui qui suit pas à pas l'Œuvre de la création dans toutes ses phases, s'aperçoit bientôt que les faits s'enchaînent, qu'ils sont la conséquence nécessaire de ceux qui précèdent, et qu'ils font déjà prévoir ceux qui doivent suivre, de telle sorte que, par analogie et malgré la distance qui sépare les différentes familles animales, on peut juger d'un fait important et concernant l'Homme, en employant un terme de comparaison puisé dans les êtres les plus bas placés dans l'échelle animale.

Il est facile de prouver par des exemples que le type primitif de chaque race animale est exposé à subir, dans une longue série de siècles, des modifications qui ont produit des espèces et des variétés sans nombre

Le type primitif et constant de l'*Helix nemoralis* vit dans le centre de l'Asie, où elle a été créée. En se faisant cosmopolite, elle a, tout en conservant ses caractères essentiels d'origine, modifié ses formes, ses couleurs, ses dessins, selon le climat, la nature géologique du sol, l'altitude des lieux, son genre de vie ou de régime, etc., etc.

Que l'on compare l'*Helix nemoralis* d'Asie, telle qu'elle est sortie des mains du Créateur, à l'*Helix nemoralis* que j'ai trouvée sur Pioch-Haut, haute montagne lacustre qui domine Laboissière, à quelques kilomètres de Montpellier, et le malacologiste novice ne croira pas que l'une dérive de l'autre, tant la variété de Laboissière a dégénéré et ressemble peu au type primitif !

A mesure que l'on remonte plus haut dans l'échelle animale, et que l'on se rapproche de l'Homme, les exemples sont bien plus sensibles et plus décisifs : ainsi, dans les Mammifères, combien d'espèces ou variétés n'a pas produites le type originel de la race canine, le Chien ?

Il est rationnel, il est logique de croire qu'il en a été chez l'Homme comme chez les Mollusques, comme chez les autres familles animales : toutes les races humaines dérivent d'un type unique qui a produit des variétés d'autant plus grandes et plus prononcées qu'elles ont été soumises, pendant la durée des siècles, à des conditions physiques bien différentes de celles de la patrie de création.

Je termine là ces considérations, à peu près étrangères à mon sujet, auquel je reviens.

Après avoir démontré que nos Mollusques d'Europe ne sont que des dérivatifs des espèces asiatiques, je vais terminer cette dissertation générale en tâchant de jeter un peu de clarté, et de renseigner mes lecteurs sur ce que l'on appelle un centre de création.

Les Mollusques d'Asie, dans leur marche progressive, mais lente, arrivèrent, à force de siècles, dans notre Europe, probablement encore vierge de toute trace humaine.

« Au fur et à mesure, dit M. Bourguignat, que les espèces avançaient, laissant sur leur passage des témoins de leur acclimatation, elles finirent par se modifier peu à peu, suivant la climatologie du pays, suivant l'influence des milieux nouveaux dans lesquels elles étaient forcées de vivre.

» Ce fut ainsi que, de modification en modification, l'espèce finit par présenter une quantité d'autres formes conservant, il est vrai, leurs caractères ataviques, mais offrant des signes distinctifs différents ; de sorte que depuis l'extrémité des Pyrénées jusqu'aux hautes montagnes de l'Asie, on peut suivre la dégradation d'un type et reconstruire la filière de son acclimatation progressive. »

Des causes accidentelles, la formation de puissants courants d'eau, de nouvelles mers, des ruptures comme le détroit des *Dardanelles*, des steppes ou déserts comme ceux des provinces orientales de la Russie, ayant brisé cette longue route montueuse d'Asie en Europe, et interrompu les communications, les espèces de Mollusques restèrent isolées, localisées, et finirent par acquérir des modifications constantes, invariables et en harmonie avec les conditions physiques de leur nouvelle patrie, où elles se trouvaient forcément internées. Ce fut là l'origine de nos grands centres de création taurique, alpique, hispanique et gallique.

Je me contenterai de mentionner en passant le centre gallique, dont les espèces ont presque complètement disparu par suite de quelque catastrophe cosmique, probablement d'une débâcle amenée par un défaut d'équilibre entre les glaciers des pôles boréal et austral ; d'immenses courants balayèrent les espèces de ce centre et les anéantirent, sauf une douzaine de coquilles qui sans doute habitaient les plus hautes cimes, où n'atteignirent pas les eaux de ce cataclysme.

Je ne dirai rien non plus du centre taurique, dont les espèces, arrêtées par des barrières infranchissables, la Méditerranée, le détroit des Dardanelles, la mer Noire et les pays salés, secs et arides situés entre la mer Noire et la mer Caspienne, ne peuvent que très-difficilement pénétrer en Europe ; c'est donc un centre presque complètement asiatique.

Notre plus grand centre de création est le centre alpique, dont l'aréa est immense, puisqu'il fournit ses espèces à toute l'Europe, depuis les Pyrénées jusqu'en Laponie.

Tandis que dans le midi de l'Europe les Mollusques, subissant à la suite des temps les influences de leur habitat, offrent des modifications d'espèces et de variétés sans nombre, il y a uniformité e^t

absence complète de modifications dans les espèces répandues sur les vastes contrées de l'Europe septentrionale.

Cette non-dégradation des espèces du Nord, qui offrent encore tous les caractères des types alpiques, malgré leur grand éloignement de leur centre d'origine et les profondes différences de milieux, nous révèle un fait qui confirme les traditions et les récits bibliques: la réalité d'anciennes irruptions diluviennes qui n'ont pas donné aux espèces le temps de se modifier, comme à celles des centres méridionaux.

Pour donner à mes lecteurs une idée claire et précise de ces phénomènes, je vais citer un passage de notre Bourguignat:

« Chez chacun de ces grands centres, les espèces se propagèrent de tous les côtés, se modifiant suivant le milieu, se sélectant (pardon du mot) les caractères les plus appropriés à leur existence : au nord elles s'étendirent jusqu'aux parties les plus septentrionales de l'Europe, au sud jusqu'aux dernières ramifications montueuses de la chaîne d'acclimatation.

» Mais il advint que les espèces qui s'étaient propagées au nord de ces contrées ne purent s'y perpétuer indéfiniment.

» Plusieurs fois obligées de reculer devant l'envahissement des glaces aux époques glaciaires, maintes fois encore elles furent détruites par de grands courants, alors que, par le défaut d'équilibre entre les glacières boréale et australe, une partie de la masse liquide sollicitée par les lois de l'attraction se projeta d'un hémisphère à l'autre.

» Ces grands courants, résultat d'une débâcle boréale, balayaient toutes les contrées basses, surmontaient tous les petits obstacles, anéantissant tous les êtres, et ne s'arrêtaient que contre la grande chaîne de montagnes dont ils ne purent surmonter les puissantes sommités.

» Toutes les espèces acclimatées au nord de cette grande ligne montueuse furent détruites, tandis que les autres du sud, abritées par les montagnes, furent préservées.

» De là, l'uniformité de la faune septentrionale ; de là, la cause de la constante variation des espèces méridionales.

» A nord, en effet, les espèces périodiquement détruites par ces grandes débâcles et se réacclimatant toujours lorsque le calme renaissait, n'avaient pas un assez long laps de temps entre chaque extinction, pour se modifier de localité à localité.

» Au sud, au contraire, les espèces à l'abri des débâcles boréales, acclimatées dès l'orgine, eurent le temps de se modifier et de prendre des caractères plus nets et plus tranchés.

» Ainsi, au nord par exemple, les *Helix incarnata*

et *fruticum* existent avec les signes distinctifs des Alpes jusqu'en Laponie ; elles occupent une aréa immense.

»Au sud, au contraire, chaque Hélice est localisée dans une vallée, dans un canton, dans une province ; les caractères de chacune des Hélices, nous citons les Hélices comme nous pourrions citer tous autres Mollusques d'un genre différent, les caractères des Hélices, disons-nous, se sont tellement appropriés, à la suite des temps, aux milieux, que ces coquilles semblent être des formes spéciales au pays, bien qu'elles ne soient qu'acclimatées. »

Cette périodicité des débâcles boréales lançant à travers l'Europe, et probablement sur toutes les contrées du globe, ces immenses courants diluviens, est peu rassurante pour l'humanité, qui peut de la sorte et à coup sûr prévoir le terme plus ou moins éloigné de son existence ; car, si la dernière débâcle boréale, probablement le déluge biblique que eut lieu 3400 ans avant J.-C., n'a pas atteint les plus hautes cimes des grandes chaînes, ce qui est prouvé par la réacclimatation des Mollusques alpiques dans les contrées du nord, il peut arriver que lors de la prochaine débâcle un courant clysmien plus formidable passe au-dessus des plus hauts sommets, balayant et détruisant toutes les faunes actuelles.

Ce ne serait là d'ailleurs qu'une répétition des anciens cataclysmes par lesquels Dieu a déjà procédé plus d'une fois à de nouvelles créations, quand dans sa justice et sa sagesse il a jugé le moment opportun et convenable.

Quand l'Homme est au courant de ces terribles vérités qui sont pour lui de grandes leçons, de salutaires avertissements, combien peu il doit faire cas de ces petites choses que l'on appelle les gloires de ce monde! Celui à qui Dieu se révèle assez pour lui faire entrevoir et comprendre l'anéantissement plus ou moins éloigné, mais peut-être aussi fort prochain, de tout ce qui constitue le monde vivant actuel, celui-là, dis-je, ne peut que voir avec indifférence et mépris les peines et les soucis sans nombre que se donnent les ambitieux du siècle pour arriver au faîte des honneurs, qu'ils n'atteignent encore bien souvent, hélas! qu'au détriment de leur réputation et du repos de leur famille.

Après le centre de création alpique, le centre hispanique est le plus important de l'Europe. Ce centre de création hispano-pyrénéen a fourni ses espèces à l'Espagne, au Maroc, à l'Algérie, à la Tunisie et à quelques îles de la Méditerranée voisines de ces contrées, îles qui par conséquent étaient liées au continent.

Cette identité d'espèces qui existe dans les Mollusques de l'Espagne, du Maroc, de l'Algérie et de la Tunisie, donne l'explication toute simple d'un fait géologique qui n'aurait jamais été clairement établi sans le secours de la malacologie : c'est-à-dire que le nord de l'Afrique a été, dans les temps anciens, une presqu'île de l'Espagne, et que ce n'est qu'après l'établissement de l'époque actuelle ou quaternaire, que la communication de l'Espagne avec le nord du continent de l'Afrique a été interrompue par la rupture des terrains qui constituent aujourd'hui le détroit de Gibraltar.

On peut même dire que cette rupture n'eut lieu que des milliers d'années après le commencement de notre époque et après l'invasion de l'Espagne par les Mollusques asiatiques, puisque les espèces espagnoles, avant leur séquestration de l'Afrique, avaient eu le temps d'envahir le Maroc et toutes les côtes de Barbarie.

Chaque centre de création, borné par une ou plusieurs mers, possède certaines espèces, dites littorales, qui ne peuvent vivre que sous une influence maritime, et que l'on ne rencontre plus au-delà d'une certaine zone à peu près parallèle au rivage de cette mer ou de ces mers, comme aussi il existe des Mollusques qui ne trouvent de bonnes conditions d'existence que dans l'intérieur des terres et loin de toute influence maritime.

Au-delà de la grande chaîne de l'Atlas, tout à fait

au pied de son versant méridional, on trouve non-seulement enfouies sous le sol, mais encore à l'état vivant, les mêmes espèces littorales qui vivent actuellement sur les côtes de la Méditerranée au nord de l'Afrique.

La présence de ces espèces littorales sur les limites du désert de Sahara ne peut s'expliquer que par une influence maritime exercée dans ces lieux par une ancienne mer Saharienne communiquant, à l'ouest avec l'océan Atlantique, au nord-est avec la Méditerranée, et peut-être à l'est avec la mer Rouge.

Au sud de cet océan Saharien se trouvait une grande île formant aujourd'hui les parties centrale et méridionale du continent africain ; cette partie de l'Afrique, bornée au nord par le Sahara et au sud par le cap de Bonne-Espérance, possède son grand centre de création et par conséquent sa faune spéciale.

C'est, on le voit, la malacologie qui nous donne la preuve certaine de l'existence d'une ancienne mer Saharienne.

On trouve encore autour de certaines dépressions situées au milieu des hauts plateaux de l'Atlas une série d'espèces littorales identiques à celles que l'on rencontre sur les plages actuelles de la Méditerranée et sur les terrains qui constituaient jadis les plages de l'océan Saharien ; pour les malacologistes de bonne foi , c'est une preuve évidente que les hauts plateaux de l'Atlas possédaient jadis des lacs salés ou petites Caspiennes, aujourd'hui desséchés la plus grande partie de l'année.

C'est à l'infatigable observateur Bourguignat que nous sommes redevables de la découverte de ces précieux faits géologiques.

Lorsque, dans un cataclysme, une étendue considérable de la croûte terrestre se soulève, il se produit naturellement un mouvement de bascule qui amène un affaissement dans une contrée voisine du soulèvement (voir le chap. VII). On a l'explication toute simple, toute naturelle de ce phénomène dans le déplacement des matières fluides et liquides contenues sous la croûte solide du globe.

C'est ce qui eut lieu probablement lors du soulèvement du fond de l'océan Saharien. Les îles de Madère, de Ténériffe et du groupe des Açores, qui ont leur faune malacologique spéciale , ne sont que les vestiges de trois grandes îles ou continents entraînés par l'affaissement du lit de l'océan Atlantique, lors de l'exhaussement et de la mise à sec du fond des mers sahariennes; les îles de l'archipel des Açores ne seraient que les pitons, les cimes les plus élevées d'une chaîne ou de plusieurs chaînes de montagnes d'une grande terre abîmée sous les eaux de l'Atlantique.

Cette grande terre ne serait-elle pas l'Atlantide

de Platon, et la tradition de ce bouleversement géologique ne se serait-elle pas propagée à travers les
siècles, jusqu'à l'époque du philosophe grec ? Cette
tradition conservée et transmise serait une preuve
que cette catastrophe aurait eu lieu après l'apparition de l'Homme sur la terre.

Les contrées sahariennes sont, en effet, toutes
jeunes relativement à bien d'autres, et ont probablement surgi des eaux longtemps après l'époque
tertiaire, c'est-à-dire pendant l'époque clysmienne
des terrains quaternaires, époque à laquelle il faut
peut-être aussi attribuer les pampas de l'Amérique
méridionale et les steppes argilo-sableuses de la
Russie orientale.

Le sol saharien n'offre effectivement, tantôt que
d'immenses plaines mouvantes et sablonneuses,
domaine du terrible simoun, tantôt que des steppes
sans fin au sol argileux et couvert de galets roulés:
partout la désolation et l'aridité d'un fond d'océan
récemment desséché.

On s'aperçoit promptement qu'un nombre suffisant de siècles n'est pas encore passé sur le Sahara,
pour avoir pu l'enrichir d'une couche d'humus
propre à développer une végétation quelconque. Si
le Sahara offre sur quelques points isolés de grasses
oasis, ces îles au milieu des sables doivent leur
existence au tourbillonnement et au remous des
eaux sahariennes, effectuant brusquement leur re-

traite par le soulèvement de la croûte terrestre sous-jacente. Dans cette fuite désordonnée des flots sahariens, les eaux les plus sales, les plus vaseuses, les plus chargées de détritus végétaux et animaux, et conséquemment les plus lourdes, furent retenues dans les bas-fonds, où elles produisirent bientôt, en s'évaporant sous l'influence des rayons d'un soleil tropical, le sol limoneux et fertile des oasis.

Comme on le voit, tout est à peu près à faire, tout est à créer dans le Sahara, où la vie ne se manifeste que sur des points fort restreints et très-éloignés les uns des autres. Le Créateur, pour qui la durée des siècles ne compte pas en présence de son éternité (*patiens, quia æternus*), n'a encore planté que quelques jalons sur cette vaste arène, qu'il lui plaira peut-être de métamorphoser, dans quelques milliers d'années, en un Eldorado aux immenses forêts et aux vastes prairies émaillées de toutes les fleurs tropicales.

Afin que ce que je viens de dire se réalise et cesse de ressembler à un caprice de mon imagination, Dieu n'a qu'à secouer de sa main puissante et à déchirer les entrailles des plaines sahariennes, pour en faire surgir de longues et hautes chaînes de montagnes vomissant par leurs flancs entr'ouverts d'abondantes sources dans de nombreuses et fertiles vallées.

Tout cela s'est vu et se voit encore de nos jours.

tel continent couvert de villes opulentes et de riches campagnes n'a été, dans les temps géologiques et pendant l'adolescence de notre vieille terre, qu'un vaste océan sur les eaux duquel, en l'absence de l'Homme et sous l'œil de Dieu seul, voguaient les élégantes et gigantesques Ammonites; et où se livraient des combats à outrance les nombreuses espèces de monstrueux Sauriens.

Il y a quelques années qu'au centre d'une vaste plaine, dans la province de la Sonora, au-delà du Mexique, se produisit tout à coup, au milieu des craquements d'un tremblement de terre, une immense crevasse vomissant dans toute sa longueur des matières fluides et solides incandescentes dont les débris, en se refroidissant, ont formé une chaîne de montagnes de plus de 100 kilom. de longueur. Il y a quarante ans à peine, la Sonora était une plaine basse et plate comme le Sahara, avec un sol moins aride néanmoins; aujourd'hui elle a ses montagnes et ses vallées, ses torrents et ses cascades, et probablement dans peu de siècles elle aura sa flore et sa faune appropriées à sa nouvelle climatologie et aux conditions physiques de son nouveau sol.

On peut trouver une nouvelle preuve de la récente émersion du Sahara dans l'absence complète de toute faune spéciale ; les rares Mollusques qu'il possède y ont été accidentellement importés et proviennent : au nord, de la création hispanique ; au sud, du grand centre africain; en Orient, en Égypte, ils proviennent du centre africain quant aux Mollusques fluviatiles, et du centre sinaïtique ou syrien pour les Mollusques terrestres.

Au-delà et au sud du grand désert, on trouve d'immenses régions très-accidentées et sauvages, où règnent sans partage les animaux les plus féroces de la création; ces contrées fort peu connues possèdent une faune spéciale de types : c'est le grand centre de création dit africain, qui n'existerait peut-être pas, parce qu'il aurait confondu ses espèces avec celles du nord de l'Afrique, s'il n'en avait été séparé presque jusque dans les temps modernes par la barrière infranchissable que lui offrait l'océan saharien.

J'en ai assez dit, je pense, pour démontrer l'importance du rôle que jouent les Mollusques dans l'explication et pour l'éclaircissement des grands phénomènes géologiques qui se sont accomplis avant ou après l'apparition de l'Homme sur la terre, phénomènes qui seraient toujours restés ignorés, ou du moins douteux et non prouvés, sans le secours de la malacologie.

Ce sont les travaux du savant Bourguignat qui ont tout récemment jeté la lumière sur les différentes phases de la vie de notre globe, pendant l'époque quaternaire.

CHAPITRE VI

Aperçu malaco-stratigraphique local.

La faune malacologique du département de l'Hérault, malgré ses étroites limites, est l'une des plus riches de France, et l'on peut même dire de l'Europe. Cela se conçoit quand on considère les différentes altitudes de son aréa. En effet, tandis que la partie méridionale de ce département est assise sur la Méditerranée et offre des plaines tellement basses, qu'elles sont presque tous les ans partiellement envahies par les eaux des étangs salés du littoral, la partie septentrionale est composée de hautes cimes et de hauts plateaux souvent couverts de neige, et subissant pendant une bonne partie de l'année une température plus rude que celle des contrées du centre et même du nord de la France.

La partie intermédiaire ou centrale possède de vastes plaines arrosées par plusieurs grandes rivières, et sillonnées par de nombreux canaux.

On trouve dans la première zone, parallèle aux

plages de la Méditerranée, de nombreuses espèces littorales et cosmopolites.

La partie centrale possède une quantité considérable d'espèces à peu près identiques à celles que l'on trouve dans les plaines de la Provence et du Languedoc.

Quant à la zone froide des hautes cimes et des hauts plateaux, elle est encore peu connue, parce qu'elle n'a été que partiellement explorée ; aussi doit-on s'attendre à découvrir dans ces contrées, pour la plupart encore vierges, beaucoup de Mollusques qui grossiront le catalogue des espèces déjà connues de notre département. Je suis confirmé dans cette opinion par la lecture des deux Catalogues de nos Mollusques, publiés, l'un par M. Moitessier et l'autre par M. Dubrueil [1], catalogues dans lesquels j'ai déjà pu constater certaines erreurs et certains oublis ; je me hâte d'ajouter qu'il n'y a pas de la faute de ces deux malacologistes, car la tâche serait trop longue, trop pénible et même impossible, si elle était dévolue seulement à deux personnes ; je crois au contraire qu'il faut le concours d'un grand nombre de chercheurs et un laps de temps considérable, pour arriver à compléter la faune malacologique de notre département [2].

[1] La science est redevable à M. Dubrueil de travaux fort intéressants sur l'anatomie des Mollusques.

[2] Le laborieux Dr Paladilhe est, je crois, le malacologiste

Il est donc probable, je le répète, que lorsqu'on aura suffisamment fouillé les montagnes vierges de nos contrées, on ajoutera quelques espèces nouvelles et de nombreuses variétés aux catalogues déjà publiés des Mollusques de l'Hérault.

J'ai dit les montagnes vierges, et je pourrais dire, tout en restant dans les limites du vrai, les bois et même les forêts vierges.

Qui se douterait, en effet, qu'à quelques kilomètres de Saint-Guilhem-le-Désert existent des contrées aussi pittoresques, aussi sauvages, et je puis ajouter aussi peu connues que les centres les plus isolés des Alpes, des Pyrénées et même de l'intérieur de l'Amérique ? Quelques parties seulement de ces lieux solitaires, les moins boisées, les moins ardues et par conséquent les moins inaccessibles, sont fréquentées par les bergers, qui y mènent paître leurs troupeaux de chèvres.

Dans ce pays de soulèvement, les accidents du sol varient à l'infini ; si vous gravissez un sommet un peu élevé, vous ne voyez souvent, à perte de vue

qui a le plus contribué à établir la faune malacologique de l'Hérault. Ce travailleur infatigable, guidé par les conseils de son ami, le célèbre Bourguignat, a lancé cette science dans les voies du progrès, en lui donnant cette importance qui a été révélée au monde scientifique par les immenses travaux de l'auteur de l'ouvrage sur les *Mollusques d'Afrique*.

devant vous, qu'une série de montagnes entrecou-
pées d'étroites et profondes vallées, le tout entièrement caché sous le sombre rideau de verdure des
forêts de pins originaires de ces contrées.

Quelquefois vous vous trouvez au fond d'un vaste
cirque, entonnoir ou cratère, dont les parois, formées par la superposition et l'entassement de puissantes assises de calcaire dolomitique, représentent
assez bien ces gradins des anciens cirques romains ;
seulement, à côté de ces monuments géologiques, les
arènes antiques ne sont que des jouets d'enfant.

Parfois ces assises titaniennes, qui constituent
les parois de ces entonnoirs, sont brisées, dislo-
quées, formant des pyramides, des pilastres, des
piédestaux gigantesques surmontés de statues re-
présentant des objets bizarres, grimaçants, quelquefois aussi des figures historiques, comme celle
de Henri IV. Cette confusion, ce chaos, cette tour de
Babel en ruines, sont complantés de pins séculai-
rés pénétrant par leurs racines dans l'interstice des
assises, et montrant verticalement sur votre tête le
parasol de leur feuillage sombre à travers les clar-
tés azurées de la voûte céleste.

Rien n'est plus grandiose et plus imposant que
ces montagnes solitaires, dont l'aspect pénètre le
cœur de l'homme d'une religieuse tristesse, et dont
le silence n'est troublé que par les cris rauques et
lugubres des oiseaux de proie qui établissent leur

aire sur les pitons rocheux de ces contrées primitives. On dirait que, par l'absence complète de tout être humain, ces régions appartiennent encore aux temps reculés de l'époque tertiaire, ou au commencement de l'époque quaternaire, mais bien avant l'apparition de l'Homme sur la terre.

Les noirs fourrés de ces vallons n'ont jamais été entamés ni éclaircis par la hache du bûcheron ou du charbonnier ; car, faute de sentiers viables, les bois restent inexploités et les arbres n'y meurent et n'y tombent que de vétusté.

Sur le roc de la Vigne (je cite ce piton parmi cent autres), haut sommet de cette longue et large chaîne appartenant à la commune de Saint-Guilhem-le-Désert, existe un bois de vieux pins tellement épais et tellement impénétrable aux rayons solaires, que les bestiaux, même les chèvres, refusent de brouter les plantes aigres et peu sucrées qui poussent et s'étiolent sur le sol à l'abri de cette voûte végétale ; aussi les lichens, les mousses et les gazons qui s'y succèdent d'année en année ont fini par former une couche épaisse, un véritable matelas de plantes mortes et vivantes sous lesquelles se conserve une humidité perpétuelle, malgré les vives chaleurs du printemps et de l'été ; en plongeant la main à travers cette couche végétale, on la retire imprégnée d'eau en toute saison.

On conçoit que la climatologie de ce pays de

montagnes, aux expositions et aux altitudes si diverses, varie à l'infini : tandis que les rudes frimas sévissent sur les crêtes et les pentes septentrionales, une douce température règne au contraire dans le fond des vallées et sur les pentes exposées au midi ; il y a là des climats pour tous les goûts, si je puis m'exprimer de la sorte quand il s'agit de Mollusques.

Le savant professeur de géologie de la Faculté des sciences, M. de Rouville, va faire paraître une Carte géologique du département de l'Hérault ; nous attendons avec la plus vive impatience cette importante publication, qui permettra [1] aux malacologistes de constater les modifications qui frappent de suite le naturaliste passant d'un terrain dans un autre.

Les transitions d'un terrain à l'autre sont quelquefois tellement brusques, que leurs flores respectives changent aussi tout à coup d'aspect et sont subitement séparées comme par une barrière infranchissable. Ainsi, en sortant des pinèdes de Saint-Guilhem, où le pin, à l'exclusion de toute autre essence, prospère dans les terrains arénacés et désagrégés de la dolomie, on entre immédiatement dans

[1] Cette Carte géologique du département a déjà paru. Le lecteur ne doit pas oublier que mon ouvrage était terminé avant la fin de l'Empire.

les terrains franchement calcaires et argileux, qui sont exclusivement le domaine des chênes-verts.

Si les végétaux changent d'un terrain à l'autre, la faune malacologique, sans subir de changements aussi sensibles, est du moins modifiée dans ses espèces et produit des variétés nouvelles; ou bien encore, telle espèce qui abonde dans le sol calcaire devient rare et même disparaît absolument dans le sol dolomitique, et *vice versa*; c'est une étude à faire, une science malaco-géologique à créer, qui permettra de constater la nature physique du sol par la présence et même par l'absence de certains Mollusques.

Si les espèces ou les individus sont modifiés par leur passage des terrains calcaires dans les terrains fortement dolomitiques, comme par exemple ceux des pinèdes de Saint-Guilhem, on peut admettre les mêmes principes pour les terrains anciens et schisteux. Les terrains calcaires sont les plus riches en espèces, et l'on peut remarquer que, tandis qu'elles abondent sur un sol à carbonate de chaux, elles deviennent bien plus rares et manquent même tout à fait assez souvent dans les terrains schisteux, bien plus encore que dans les sols dolomitiques.

La station de Rabieux, assise sur l'Ergue, entre Clermont et Lodève, est bâtie sur un sol calcaire; à cent ou deux cents mètres de cette station, sur la route de Saint-Jean-de-la-Blaquière, on entre tout à coup dans le terrain schisteux de la formation permienne. Tandis que le sol calcaire est jonché de nombreuses coquilles, elles apparaissent fort rares sur le terrain schisteux, qui pourtant lui succède immédiatement.

Cela doit provenir de ce que les terrains schisteux et dolomitiques ne contenant que très-peu, souvent même pas du tout de carbonate de chaux, les Mollusques n'y trouvent pas les matériaux nécessaires à la confection de leurs tests. [Cette assertion est confirmée par l'abondance, dans les sols dolomitiques des pinèdes, des espèces à coquilles cornées ou mucoso-cornées, diaphanes, quelquefois transparentes comme le cristal, et par conséquent contenant peu ou point de carbonate ; ainsi l'on y trouve principalement l'*Helix carthusiana*, variant beaucoup dans sa forme et dans sa taille ; les *Helix cornea, plébeia, lavandulæ, cristallina, hispida, nitida, glabra, lucida*, des *vitrina* ; des [*ferussacia vescoï, lubrica*, etc.

On s'aperçoit bien vite que les Mollusques à test calcaire ne sont pas là dans leur pays de prédilection ; certaines espèces, ordinairement robustes et vivaces, que l'on rencontre à toutes les altitudes, comme le *Zonites algirus*, l'*Helix aspersa*, le *Cyclostoma elegans* et certains *Pupa* s'y trouvent sans doute et même avec abondance ; mais ils sont de petite taille et ont grandement dégénéré.

Cependant les combes ou les vallées des pinèdes sont en général abritées de la bise et des rigueurs de l'hiver par leur exposition au midi; d'un autre côté, ces combes sont garanties des sécheresses de nos longs étés par l'épaisseur des fourrés et par l'humidité constante d'un sol très-riche en humus et couvert de plantes d'une végétation luxuriante. Il semblerait que les Mollusques ne peuvent se trouver dans de meilleures conditions pour croître et embellir; néanmoins certaines espèces s'y sont crétinisées, et quant aux autres elles y sont bien plus petites que dans les terrains purement calcaires.

On ne peut pas attribuer cette dégénérescence des espèces des pinèdes à la rigueur du climat, puisqu'à La Vacquerie, sur le Larzac, où règne habituellement une température plus froide, les espèces identiques sont de très-belle dimension : par exemple, le *Cyclostoma elegans* des environs de La Vacquerie est deux fois plus gros que celui des pinèdes de Saint-Guilhem; les terrains de La Vacquerie ont, il est vrai, pour principal élément le carbonate de chaux.

Je me résume. La dégradation des Mollusques à test calcaire qui ont leur habitat dans les terrains dolomitiques de Saint-Guilhem-le-Désert, doit être imputée à plusieurs causes : la première et la plus essentielle est dans l'absence des molécules calcaires, ces animaux élaborant et s'assimilant plus facilement les carbonates que tous les autres sels terreux dans la fabrication de leur maison portative ; la seconde cause est dans le manque des sucs nutritifs et sucrés des plantes qui, végétant sous le dôme épais des pins entassés, ne sont que rarement visitées par les rayons vivifiants du soleil.

Quant aux espèces à test corné ou mucoso-corné, il est rationnel de les rencontrer en grand nombre dans ces régions, parce que ces Mollusques, choisissant de préférence les endroits sombres et humides où abondent les matières grasses, gélatineuses et cryptogamiques, trouvent dans les pentes et les bas-fonds boisés et touffus des pinèdes les conditions d'existence qui leur conviennent.

J'ai énuméré au commencement de ce chapitre les causes pour lesquelles la Faune malacologique de notre département était si riche en espèces ; on peut ajouter à ces premières causes celle qui dérive de la nature, presque partout calcaire, du sol de notre pays. En effet, sauf les limites nord et nord-ouest de l'Hérault, les montagnes et les plaines de notre département sont composées des carbonates de chaux marins et lacustres des époques secondaire et tertiaire, et nous savons déjà que c'est sur les sols calcaires que prospère la grande majorité des Mollusques.

Pour mieux constater ce fait, il y a quelques
mois à peine que j'ai minutieusement exploré de la
base au sommet les montagnes qui entourent le
vallon de Lamalou et les environs de La Vernière.
Dans les terrains schisteux de l'époque de transition, je n'ai trouvé que de rares espèces ; mais, à
peine sorti de ces terrains anciens et privés de tout
élément calcaire, pour entrer dans les couches
supérieures et carbonatées de l'époque jurassique,
j'ai rencontré des espèces nombreuses et variées.

CHAPITRE V

Histoire économique des Mollusques en général.

Comme je l'ai annoncé au commencement du premier chapitre, je ferai suivre l'histoire des Hélices de celle des Mollusques en général et d'un aperçu paléonto-géologique.

Je vais commencer par passer en revue dans ce cinquième chapitre, aussi succinctement que possible, les différents Mollusques qui sont les plus utiles à l'Homme, soit comme substance alimentaire, soit comme objet servant à diverses industries.

Parmi les Mollusques édules, l'Huître (*ostrea*), acéphale bivalve, est sans contredit de tous les coquillages marins le plus anciennement connu. C'était sur des coquilles d'Huîtres que les Athéniens exprimaient leurs suffrages après les délibérations importantes entraînant la condamnation d'un citoyen ; qu'on se rappelle le jugement d'Aristide et celui d'Alcibiade. C'est du mot *Ostrakon* (Ὄστρακον), qui signifiait toute espèce de coquillage en général et l'Huître en particulier, que vient le mot *ostracisme*.

Les Romains faisaient venir à grands frais les Huîtres des plages très-éloignées où elles avaient une certaine renommée ; l'idée première de la culture des Huîtres est loin d'appartenir aux temps modernes, comme on le croit généralement. Les Romains, nos maîtres sur tant de choses, les déposaient pendant un certain temps dans des lieux propices, et leur faisaient subir un parcage.

Bien avant notre ère, un chevalier romain, nommé Sergius Orata, homme à la mode et jouissant d'une grande considération, eut l'heureuse idée de faire venir des Huîtres de Brindes, et de les parquer dans les eaux du lac Lucrin[1] (l'Averne des anciens). Les gourmets de Rome, s'étant aperçus qu'après un séjour assez long au fond du lac ces Mollusques contractaient une saveur et des qualités qu'ils n'avaient pas dans leur gisement naturel, les mirent en grande vogue et firent acquérir de la sorte une fortune considérable à Sergius Orata, inventeur du procédé ; le lac Lucrin ayant été comblé par un tremblement de terre et remplacé par le Monte-Nuovo, en 1538, la culture des Huîtres fut transportée tout près de là, dans le lac Fusaro (l'Achéron de l'antiquité), où elle est pratiquée encore de nos jours[2].

[1] L. Figuier; *Zoophytes et Mollusques.*

[2] J'apprends au dernier moment que le lac Fusaro a été desséché et livré à la culture.

Nous savons que Apicius, après les avoir conservées pendant fort longtemps et après les avoir engraissées, en envoyait d'Italie à l'empereur Trajan jusque dans le pays des Parthes. Les Huîtres d'Abydos dans les Dardanelles, celles du lac Lucrin chanté par Horace, et celles de la côte de Brindes étaient très-recherchées ; néanmoins les fins gourmets préféraient de beaucoup celles de la Manche et de l'océan Atlantique. Pline nous raconte qu'on les expédiait enveloppées dans la neige, pour les conserver vivantes jusqu'à Rome.

De nos jours, la Belgique, l'Angleterre et nos départements de l'Ouest en fournissent d'excellente qualité et en quantités considérables. Celles de la Méditerranée sont généralement plus grosses, mais aussi moins délicates.

Je ne m'étendrai pas longuement sur l'Huître comme comestible, parce que personne n'ignore qu'elle fournit un aliment peu nourrissant, il est vrai, mais sain et très-léger, même pour l'estomac des malades. Elle est d'une digestion tellement facile, qu'elle semble plutôt exciter l'appétit que le satisfaire : on cite l'exemple de quelques amateurs qui peuvent en manger impunément quinze douzaines ; les historiens nous rapportent que l'empereur Vitellius en mangeait jusqu'à vingt douzaines, *pour s'ouvrir l'appétit,* au commencement de ses repas.

Au-delà des temps historiques, l'Homme faisait usage de l'Huître comme aliment ; on rencontre dans les cavernes, avec des couteaux et des haches en silex, avec des débris de poterie et des résidus des festins des premiers habitants du Nord, des tas considérables de coquilles d'Huîtres. L'extrême digestibilité de l'Huître, dont le principe nutritif consiste uniquement en une petite quantité de matière gélatineuse, explique l'abondante consommation que l'on en fait ; les statisticiens prétendent que Paris en consomme environ cent cinquante millions par an.

Quoi qu'il en soit, l'Huître n'est et ne sera que l'aliment du riche, parce que, outre qu'elle est peu réparatrice, son prix est très-élevé et tend tous les jours à augmenter; par contre, l'Hélice est destinée à être l'aliment de l'ouvrier, parce qu'elle est plus régénératrice des forces perdues dans le travail, et qu'elle peut être recueillie sans frais dans nos campagnes.

Outre que le commerce des Huîtres enrichit un grand nombre de familles, combien de journaliers, de femmes, d'enfants occupés au parcage, au transport, à la vente des Huîtres, trouvent dans ce genre d'industrie, non-seulement le bien-être matériel, mais encore le bonheur moral, conséquence de tout travail !

Je ne dois pas passer sous silence les nombreux

services rendus par l'industrie huîtrière à l'État, qui trouve dans les pêcheurs d'Huîtres, en temps de guerre, une pépinière d'excellents matelots rompus à toutes les fatigues du métier de marin.

Tout le monde sait qu'on a un moyen assez facile de transporter et de naturaliser les Huîtres sur des rivages et dans des golfes qui n'en possédaient pas auparavant.

Les Mollusques marins qui entrent pour une bonne part dans l'alimentation des populations voisines des mers sont fort nombreux, et je me contenterai de citer les plus connus, comme : les Peignes, les Moules, les Clovisses, etc., etc.; c'est toujours avec délices que nous mangeons dans nos contrées maritimes ces coquillages frais et rafraîchissants.

Parmi les Acéphales, peu de genres sont aussi nombreux que celui des Peignes ; ce sont en général de belles et grandes coquilles remarquables par l'élégance et la régularité des formes, par la variété et l'éclat des couleurs.

Les Peignes sont très-délicats ; on les mange comme les Huîtres. Quelques espèces abondent dans l'Océan et la Méditerranée ; c'est une précieuse ressource pour nos populations, qui les achètent à bas prix sur tous nos marchés.

La Clovisse appartient au genre Vénus et à la

famille des Conques; en Provence et en Languedoc, les populations sont très-friandes de la Clovisse, qui fournit d'ailleurs une nourriture très-saine et très-agréable.

Ce Mollusque est pêché en grande quantité dans l'étang de Thau et autres étangs de nos côtes, où il abonde.

Les grasses Clovisses de la Réserve de Marseille, que bien des gourmets prisent autant que l'Huître, ne sont autres que celles de l'étang de Thau apportées à Marseille par les pêcheurs de Cette, et que l'on plonge dans les eaux mélangées de l'entrée du port, après les avoir enfermées dans de grandes caisses garnies de zinc et percées d'une infinité de trous.

Quand les Clovisses ont séjourné un an et plus sous ces eaux grasses et vaseuses, elles ont beaucoup grossi et acquis des qualités qui les recommandent au palais des gourmets; je ne sais si la Clovisse fraîche et crue vaut l'Huître, mais à coup sûr, cuite et préparée, elle lui est préférable.

La Moule (*Mytilus*), coquille à byssus, genre et type de la famille des Mytilacés, est un Mollusque bien connu qu'on trouve en bataillons serrés sur les rochers de toutes nos plages. Moins délicate que l'Huître, elle est peut-être plus utile en ce qu'elle sert à l'alimentation de populations nombreuses :

c'est l'Huître du pauvre, qui peut se rassasier à bas prix.

Comme l'Huître, la Moule a donné lieu à une industrie qui se pratique en grand à quelques kilomètres de la Rochelle, principalement dans l'anse d'Aiguillon.

La Moule, prise à l'état de nature sur les rochers des mers, est souvent maigre, coriace et quelquefois malsaine ; on est parvenu à la soumettre à une espèce de culture (mytiliculture), comme l'Huître (ostréi-culture), et par suite à la rendre grasse, tendre et même savoureuse.

Chaque pays de la terre possède ses Mollusques édules variant selon les latitudes : toutes les populations littorales de ces contrées diverses en font une grande consommation, et quelquefois même presque exclusivement leur nourriture. Ainsi certains Buccins et quelques Aphysies sont l'un des principaux aliments dans plusieurs îles de la mer des Indes; les Siamois et autres peuples de l'extrême Orient font leurs délices d'une grande Cyrène qui abonde dans leurs fleuves et leurs aroyos ; les indigènes Américains qui parcourent les immenses forêts et les vastes pampas de l'Amérique méridionale, trouvent une précieuse ressource alimentaire dans les grosses Agathines et les grandes Bulimes, qui pullulent dans ces contrées.

Après avoir énuméré les services rendus comme comestibles par les Mollusques, surtout acéphales bivalves, je vais rappeler ceux rendus par les Mollusques céphalopodes.

Parmi ces derniers, les côtes de France possèdent une assez grande variété d'espèces ; de Blainville, dans la partie malacologique de la *Faune française*, en signale seize qui sont pour la plupart recherchés comme nourriture et comme appât pour la pêche. Nous possédons entre autres, dans la Méditerranée : des Seiches, des Sépioles, des Calmars ou Encornets, des Poulpes, des Argonautes, etc., espèces généralement comestibles, offrant à nos populations maritimes une nourriture qui, si elle n'est pas toujours succulente, est du moins très-abondante et peu chère.

Comme les Ammonites, les Céphalopodes existaient en quantités considérables dans les mers pendant la période secondaire de l'histoire de notre globe ; on trouve des débris de ces Mollusques (Belemnites) qui devaient appartenir à des espèces de taille gigantesque ; quoique nous possédions encore dans les mers Australes quelques Poulpes redoutables par leur dimension et par leur force, les Céphalopodes de l'époque actuelle sont des pygmées en comparaison de ceux des anciens âges de notre planète.

Après avoir parlé des Mollusques comestibles, il convient de passer en revue ceux qui, sans rendre des services aussi éminents à l'humanité, n'en sont pas moins dignes d'être mentionnés à cause de leur importance dans les arts et les industries. La plus belle moitié du genre humain m'en voudrait d'ailleurs, si je me taisais sur le compte de ces précieux Mollusques que la Providence semble avoir créés pour consoler et réjouir les filles d'Ève.

La Pintadine, ou mère-perle des anciens (*Meleagrina margaritifera*), appartient à la famille des Ostréacées ; c'est une magnifique coquille ayant souvent plus d'un pied de diamètre.

On ne la trouve pas dans la Méditerranée , mais elle abonde dans la mer Rouge, dans le golfe Persique et surtout à Ceylan ; on en rencontre encore sur les côtes du Japon, de la Californie et des îles d'Otaïti. On en retire, soit adhérente à la coquille, soit libre à l'intérieur même du manteau, une production animale à base de carbonate de chaux, qui n'est autre chose que la perle.

La perle est un produit accidentel, morbide ; la coquille ayant été blessée ou percée par des Mollusques carnassiers, l'animal, pour boucher ce trou et remédier à la blessure, sécrète une quantité de matière nacrée tellement abondante, qu'il se forme, au bout d'un certain temps et par couches successives, des tubercules assez gros qui constituent les perles. Les plus estimées sont celles qui, s'étant formées isolément au centre même de l'animal et n'étant adhérentes à aucune partie de la coquille, sont rondes et régulières. On estime également beaucoup celles en forme de poire. Ces perles se forment autour d'un corps étranger ayant pénétré accidentellement dans l'intérieur du Mollusque.

Les plus riches pêcheries de perles et les plus exploitées sont situées dans le golfe du Bengale, aux environs du Manaar. Le métier de pêcheur de perles est rude et expose les pauvres diables qui s'y livrent à une foule de dangers. En effet, outre que les plongeurs périssent quelquefois par asphyxie ou par suite d'hémorrhagies abondantes au sortir de l'eau, il en est encore qui sont dévorés par les requins, assez communs dans ces parages.

Qu'importe la vie de quelques hommes, si le produit de leur pêche fait briller de mille reflets hyalins et irisés les fines oreilles, le col de cygne et les blanches épaules de quelque nouvelle Cléopâtre !

Dès la plus haute antiquité, l'on faisait usage des perles, et leur origine était si peu connue, que Pline et Dioscoride croyaient sérieusement qu'elles étaient le produit de la rosée.

Ces gouttes de rosée solides (les poètes orientaux les nomment ainsi) n'ont pas en Europe la même vogue qu'en Orient; les Occidentaux leur préfèrent les gemmes ou pierres précieuses, qui n'ont pas, il est vrai, le reflet suave des perles, mais qui les surpassent de beaucoup en éclat et en durée, tandis que les perles ternissent lorsqu'elles restent enfermées dans un écrin, ou bien lorsqu'elles sont portées par des personnes dont la peau sécrète des sueurs acides ou âcres.

Quand Rome eut atteint l'apogée de sa puissance, les perles y abondaient, et certains patriciens eurent des manteaux de pourpre brodés de perles; les dames romaines en surchargeaient leurs oreilles, leurs bras et leurs épaules. Sénèque reprochait un jour à une matrone de porter à ses oreilles toute la fortune de sa maison.

Nous savons que la courtisanesque reine Cléopâtre, au milieu de l'orgie d'un festin que lui donnait Marc-Antoine, voulant faire la cour à son vainqueur, jeta dans sa coupe et avala une perle que les historiens d'alors évaluaient à une somme équivalente à quinze cent mille francs de notre époque. C'est bien le cas de dire, avec L. Figuier : *Margarita inter porcos.*

La passion des Orientaux pour les perles s'explique fort bien. La possession des plus grosses et des plus transparentes est chez eux l'emblème de la richesse et de la puissance : aussi, chez ces peuples asiatiques, où il n'y a que des maîtres et des esclaves, où la raison du plus fort est toujours la meilleure, où la vie des hommes n'a pas même la valeur d'un

caprice, que de sang et de larmes a dû souvent
coûter la conquête de cette brillante bulle de calcaire !

Le prince de Mascate possède, dit-on, la plus
belle perle qui existe.

Le schah de Perse conserve dans son trésor un
chapelet d'une valeur incalculable; chaque grain
de ce chapelet est une perle de la grosseur d'une
noisette.

Le pape Léon X paya une perle 350,000 francs;
c'était une fantaisie un peu chère pour le repré-
sentant sur la terre de l'humble et pauvre Jésus,
qui ne possédait même pas une pierre brute pour
reposer sa tête.

L'Espagne en a de fort belles qui ont été pêchées
dans les mers d'Amérique, quand la monarchie des
Charles-Quint, des Ferdinand et des Philippe était
toute-puissante dans le Nouveau-Monde.

Après la Pintadine, mère-perle, les Mulettes
d'Europe (*Unio margaritifera*) sont les Mollusques
qui en fournissent le plus; on en récolte en France
dans quelques grandes rivières et leurs-affluents ;
mais les plus belles proviennent du lac Tay,
en Écosse, qui était exploité déjà du temps des
Romains; plusieurs perles pêchées dans ce lac
ont mérité par leur valeur d'orner la couronne
d'Angleterre.

Pour en finir avec la perle, je dirai qu'elle occupe

une des premières places dans la collection de ces joujoux qui servent de passe-temps aux personnes que rien n'amuse, et qu'on a l'habitude d'appeler les heureux du siècle, comme si le bonheur était dans la satiété !

Voyez, cabriolant avec le chien de la ferme, sur la pelouse de la lisière du bois, cette brunette campagnarde qui a entouré d'un bruyant collier d'Escargots son cou bronzé par la bise et le soleil des champs : le bonheur n'est-il pas plutôt là ?

La nacre, cette matière dure, argentée, qui brille des plus riches couleurs, qui reflète avec le plus vif éclat l'opale, la pourpre et l'azur, est sécrétée par les bords des manteaux d'une infinité de Mollusques ; mais ce sont les Mulettes, les Anodontes et les Pintadines qui fournissent la plus belle.

Je ne rappellerai pas les usages très-variés de la nacre ; tout le monde possède quelque objet plus ou moins précieux fabriqué avec cette substance.

Il est encore une coquille bivalve, une espèce de Jambonneau (*Pinna nobilis*), avec le byssus de laquelle on fabrique une étoffe précieuse. Le byssus est une touffe de poils soyeux qui sert de point d'attache aux Pinnes marines et autres Mollusques, comme la Moule, par exemple. Le byssus des différentes espèces de Pinnes ou Jambonneaux est assez gros, composé de filaments très-fins, avec lesquels on fabrique des étoffes remarquables par leur souplesse, leur chaleur et leur brillant inaltérable.

C'est sur les côtes de la Calabre et de la Sicile qu'on pêche en grand ces coquilles, et qu'on se livre à la confection de ces belles étoffes si recherchées du temps des Romains, qui les faisaient tisser dans ces mêmes lieux; il n'y a pas longtemps encore que plusieurs marchands du Palais-Royal ont vendu des pièces considérables de ce riche tissu jusqu'à 150 francs le mètre.

La couleur pourpre, si estimée du temps des Romains, aurait été fournie, selon la remarque ingénieuse de M. Lesson, par une Janthine très-commune dans la Méditerranée (*Janthina prolongata*). Elle est en effet si commune, qu'étant jetée parfois sur les côtes de Narbonne par les vents violents qui viennent du large, elle jonche les grèves ; or, à Narbonne, dit M. Lesson, existaient du temps des Romains des ateliers de teinture en pourpre trèscélèbres ; il est donc à peu près certain que la Janthine était la véritable pourpre employée par les arts à cette époque. La magnifique teinture violette des Janthines est contenue dans un large vaisseau placé dans la région dorsale.

La coquille dénommée pourpre par Lamarck, certains Murex et autres Mollusques ont la propriété de sécréter abondamment une liqueur d'un rouge purpurescent.

Certains auteurs, après avoir consulté Aristote,

qui s'étend assez longuement sur la pourpre et qui décrit même deux coquilles desquelles on la retirait, veulent que cette couleur violette fût fournie aux Grecs et aux Romains par le *Murex trunculus* et le *Purpura lapillus*. Selon M. Bourguignat, la teinte pourpre des anciens Tyriens provenait de la poche copulatrice des *Murex brindaris* et *trunculus*. Il existe sur le rivage de Tyr des montagnes de ces coquilles, qui sont toutes brisées à l'endroit de la poche copulatrice ; cette poche contient une liqueur rougeâtre. Pour obtenir la pourpre, on faisait macérer et fermenter pendant trois mois, et on ajoutait un ingrédient encore inconnu.

Quoi qu'il en soit, la couleur pourpre n'étant plus usitée de nos jours, les procédés de fabrication étant même inconnus, je ne chercherai pas à éclaircir la question.

Le Corail est un polypier dendroïde que l'on trouve dans la Méditerranée et la mer Rouge, et que l'on pêche sur les côtes de France, d'Italie et de Barbarie.

Le Corail des côtes de France et celui d'Italie passent pour les plus beaux ; celui des côtes de Barbarie a plus de grosseur, mais sa couleur est moins éclatante ; façonné, taillé sous différentes formes, c'est un ornement assez recherché, des Orientaux surtout.

Les brunes des pays chauds aiment assez la

parure en Corail, dont la couleur rouge ardent s'harmonise bien avec les teintes mates et bistrées de leur teint.

On emploie aussi comme dentifrice la poudre mélangée de Corail.

Je termine ce cinquième chapitre par un résumé succinct des services de moindre importance que rendent certains Mollusques.

Pour ne pas l'oublier, je commence par l'Argonaute, quoique ce Mollusque ne soit en rien utile à l'Homme, si ce n'est à faire le principal ornement de nos collections conchyliologiques. Cette curieuse et admirable création de la nature, ce petit et élégant nautonier, la Providence nous l'a laissé comme une réminiscence éloignée de ce vieux temps de l'époque secondaire, où des Mollusques à coquilles gigantesques voguaient en compagnie de monstrueux Sauriens sur les tièdes mers jurassiques.

L'Argonaute tient la haute mer, car, à cause de la fragilité de son esquif, il redoute les récifs qui bordent le rivage. Cet animal a excité l'admiration des anciens, comme celle des naturalistes modernes. Aristote donne des détails assez exacts sur ce Poulpe portant coquille ; Pline, Oppien et d'autres naturalistes de cette époque nous ont laissé, dans un style quelquefois poétique, des récits enthousiastes sur les habitudes de ce Mollusque, récits mêlés de beaucoup de fables dont l'observation a fait justice de nos jours.

Dans les Indes, cette coquille a une grande valeur, et les danseuses la considèrent comme la partie la plus précieuse de leur parure.

J'ai dit, dans ce même chapitre, que la Seiche servait à l'alimentation des populations littorales; elle rend de plus des services à l'industrie, comme la plupart des Céphalopodes. Elle possède dans une poche à encre une grande quantité de liqueur noire, dont la nature l'a pourvue pour échapper aux atteintes de ses ennemis ; quand elle est poursuivie, elle trouble l'eau ambiante en lançant un jet de cette encre, se dérobant de la sorte aux regards de ses poursuivants. « L'on pourrait, dit L. Figuier, comparer le stratagème dont la Seiche fait usage pour se dérober à ses ennemis, à la tactique de certains polémistes qui, pour embrouiller une question politique ou administrative, pour répondre aux bonnes raisons de leurs adversaires, ne trouvent rien de mieux que d'obscurcir le terrain de la discussion et de cracher du noir ; l'obscurité est leur force : c'est par ce moyen que l'on trouble la vue des faibles et des peureux, que l'on se dérobe à la discussion, et que l'on passe intact à travers les hommes et les âges, comme la Seiche s'échappe à travers les eaux de la mer qu'elle a prudemment noircies.

M. L. Figuier aurait pu judicieusement ajouter que le stratagème des Seiches ne les sauve pas toujours de la dent cruelle des Dauphins et des Marsouins, qui en sont très-friands et en font maints régals.

La Seiche fournit cette matière noire, indestructible, que l'on nomme *sépia*, et qui sert à différents usages, mais qui surtout est indispensable aux aquarellistes.

Dans les localités où la pierre calcaire manque, on obtient par la calcination des coquilles d'Huîtres une chaux d'excellente qualité.

Sur quelques côtes de Madagascar et des Indes, les Buccins, les Casques et les Strombes de grande taille, qui abondent sur les plages, remplacent les pierres dans les constructions.

Dans nos pays du Midi, la valve inférieure d'un grand Peigne (*Pecten Jacobæus*) sert de plat à friture.

Cette même coquille garnit la robe et le chapeau des pèlerins qui veulent indiquer par cet ajustement qu'ils viennent de faire un pèlerinage sur des plages lointaines dans les pays d'outre-mer. Quand les cheveux ont blanchi, nous nous rappelons avec bonheur cet ornement original et pittoresque, qui plaisait tant à notre enfance et nous émerveillait.

Les coquilles de l'*Anodonte* des Cygnes servent dans le Nord à écrémer le lait.

Les peintres emploient, en guise de palette, les valves des grands *Unio*.

Sur les côtes de Guinée, on se sert d'une petite espèce de porcelaine, le Cauris (*Cypræa moneta*), comme monnaie courante.

On voit, dans la collection de M. Benjamin Delessert, deux Monodontes semi-noires qui ont servi de pendants d'oreilles à la reine d'Otaïti, qui les donna au capitaine Cook pendant son troisième voyage.

Les Tridacnes gigantesques fournissent les plus grandes coquilles connues ; on en trouve qui mesurent plus d'un mètre et demi de long, et qui pèsent 250 kilogrammes : telles sont les deux qui servent de bénitiers dans l'église Saint-Sulpice, à Paris. Ces magnifiques coquilles furent données à François Ier par la République de Venise ; plusieurs églises du Midi en possèdent de beaux exemplaires.

De tout temps on a employé les coquilles des Porcelaines à la fabrication des objets de luxe, boîtes, bracelets, colliers, pendants d'oreilles, et en Orient amulettes, coiffures, harnais de cheval, etc., etc.

Enfin, le plus beau privilége des coquilles est celui de servir à former de nombreuses et brillantes collections qui charment les yeux en instruisant :
Miscet utile dulci.

CHAPITRE VI

Aperçu Paléontologique.

Avec les Mollusques fossiles, le paléontologiste connaît ce qui s'est passé pendant les anciens âges de la terre, depuis la fin de l'époque de transition jusqu'à la fin de l'époque tertiaire.

Avec la malacologie, c'est-à-dire avec la connaissance des faunes de l'époque quaternaire ou actuelle, nous sommes parvenus à connaître les événements qui se sont accomplis depuis le commencement de cette époque jusqu'aux temps historiques.

Je vais m'occuper dans ce Chapitre, et d'une manière très-succincte, des Mollusques fossiles appartenant à des races éteintes, à des faunes successivement disparues pour la plupart depuis des millions d'années, et dont les débris ont puissamment contribué à établir la croûte solide de notre terre ; leur présence nous indique d'une manière précise la position et l'âge relatif des diverses couches.

Jusqu'au commencement de ce siècle, la géologie a été une science pleine de confusion et de doutes ; il a fallu les immenses travaux de l'immortel Cuvier pour la débarrasser des langes de d'enfance ; depuis que, à l'instigation de ce grand homme, les savants se sont adonnés à l'étude des fossiles, la géologie, n'étant plus basée sur des théories hypothétiques, mais sur des faits positifs, a fait de rapides progrès et a marché pour ainsi dire à pas de géant.

Les animaux inférieurs et supérieurs en organisation aux Mollusques ont sans doute largement contribué à éclairer d'une vive lumière les faits géologiques anciens ; mais c'est surtout aux générations successives et innombrables des Mollusques que l'on doit d'être parfaitement renseigné.

On peut dire que les Mollusques fossiles fournissent les trois quarts des nombreuses lettres de cet alphabet paléontologique avec lequel on peut écrire l'histoire du globe ; ou bien encore, que chaque Mollusque fossile est une médaille commémorative des types qui peuplaient les anciens mondes.

Les faunes malacologiques de certaines époques étaient tellement riches en espèces, et ces espèces tellement nombreuses, que leurs tests ou coquilles occupent une immense place dans la formation des couches ; dans certains cas même, ces coquilles en sont les seuls éléments composants. Tout le monde connaît ces bancs considérables d'Huîtres fossiles, tantôt agglomérées dans une argile marneuse grise ou bleue, tantôt formant sans mélange une masse compacte et rocheuse. La molasse que l'on exploite dans les carrières du Pouget, de Poujols et autres lieux du département, est entièrement composée de coquilles ou de débris de coquilles fossiles.

Parmi cette quantité innombrable de Mollusques fossiles, il y en a qui se sont perpétués à travers plusieurs couches; mais en général ils n'ont assisté qu'à une seule formation et disparaissent dans la couche supérieure, pour faire place à d'autres; chaque couche, ou formation, ou époque, possède donc exclusivement ses Mollusques fossiles qui la caractérisent nettement.

Je ne citerai qu'un seul exemple pris dans nos contrées: Sur plusieurs points du canton de Gignac, dans les chemins ruraux ou les lits des torrents qui ont été creusés par les eaux pluviales, on voit à nu des bancs d'une grande étendue d'Huîtres fossiles (*Ostrea longirostris* et *crassissima*) reposant sur des couches d'une marne bleuâtre, grise ou jaunâtre; ces couches sous-jacentes à la molasse appartiennent à la formation miocène, étage moyen de l'époque tertiaire.

Ces Huîtres fossiles, surprises et émergées par

un soulèvement subit, ont conservé la position qu'elles avaient pendant l'état de vie au fond des mers tertiaires ; en effet, elles sont intactes, et presque toutes ont leurs deux valves s'adaptant parfaitement l'une à l'autre.

Je ne dois pas terminer la première partie de ce chapitre, dans laquelle je démontre l'influence des Mollusques fossiles marins sur la connaissance de la formation des couches, sans parler des Foraminifères, quoique, après bien des hésitations, on les ait détachés de la famille des Mollusques pour les classer dans un ordre inférieur, les Zoophytes.

Quoi qu'il en soit, ces petits animaux, dont les dimensions ordinaires ne dépassent pas un demi-millimètre, ont contribué, plus que tous les êtres de la création, à la fabrication de la croûte solide de notre globe.

Pour nous apprendre à être humbles, tout en nous frappant d'admiration, Dieu a sans doute voulu que cette toute petite, toute débile créature, ait plus que toute autre puissamment contribué à l'exécution de la partie terrestre de son Œuvre.

Pendant les temps reculés de notre planète, ces Zoophytes vivaient en quantités tellement considérables, que leurs coquilles, visibles à peine à l'œil nu, ont entièrement composé des terrains d'une épaisseur énorme ; plusieurs étages des terrains crétacés doivent en grande partie leur existence aux dépouilles des Foraminifères; mais c'est surtout pendant l'époque tertiaire que ces microscopiques ouvriers ont le plus contribué à augmenter l'épaisseur de l'enveloppe solide de la terre; c'est pendant cette phase de la vie de notre planète que leurs coquilles, entassées pendant une longue série de siècles, finirent par combler bien des mers anciennes.

Les blocs de pierre qui ont servi à l'édification de la plus grande pyramide d'Égypte ne sont qu'une agrégation de *Nummulites*, genre de Foraminifères excessivement curieux.

Les sables des mers actuelles sont à moitié composés de ces coquilles, aux formes variées et élégantes. En étudiant à l'aide du microscope les sables de toutes les parties du monde, d'Orbigny a reconnu que c'étaient les débris de ces Zoophytes qui parfois obstruaient l'entrée des golfes, des détroits et de certains ports; c'est ainsi que fut comblé le port d'Alexandrie.

D'après les calculs de certains naturalistes, il existe des craies blanches et autres roches qui contiennent jusqu'à trois milliards de coquilles de Foraminifères par mètre cube de pierre; d'Orbigny a trouvé cette proportion dans le calcaire grossier du bassin de Paris.

Nous n'avons qu'à nous incliner devant la toute-puissance du Créateur, qui obtient des résultats si merveilleux, qui édifie des mondes avec l'aide de si faibles travailleurs.

J'ai dit que les Zoophytes n'avaient généralement qu'un demi-millimètre de taille ; afin de n'induire personne en erreur, je dois ajouter qu'il en est pourtant qui atteignent jusqu'à 4 centimètres, mais aussi ce sont les géants de la famille. Les Nummulites qui constituent la masse pierreuse de la grande pyramide ont jusqu'à 2 centim. 1/2 de dimension.

Je croirais laisser une lacune si je ne citais un être encore plus petit, un animalcule réellement microscopique, l'*Infusoire*, beaucoup plus répandu dans la nature que les Zoophytes. Les Infusoires, dont les dimensions ordinaires ne dépassent que fort rarement deux dixièmes de millimètre, sont massés en quantités innombrables dans toutes les mers chaudes ou glacées, dans les fleuves, dans les lacs, dans les fontaines, dans les fossés, dans toutes les eaux douces et salées, propres et sales, dans la boue, dans la moisissure; cet animalcule est tellement petit qu'on ne peut l'apercevoir qu'à l'aide du microscope, ce sixième sens de l'homme, selon l'heureuse expression de l'historien-poète Michelet.

Une seule goutte d'eau, dit Fredol, en contient souvent plusieurs millions; il en faut 187 millions pour égaler le poids d'un grain de blé; et pourtant, malgré leur terrible et incommensurable petitesse, les débris de quelques espèces qui possèdent une carapace et une mâchoire cornées, ont suffi pour constituer des couches d'une grande épaisseur.

Les terrains crayeux qui s'étendent, de Paris à Tours, sur une longueur de cinquante lieues, sont entièrement produits par des coquilles en poudre de Foraminifères; un autre banc de craie d'une longueur énorme, ayant la même origine, s'étend sur toute la Champagne; les craies pures, que l'on rencontre partout, ne sont faites que de coquilles, réduites en poussière, de ces animalcules à peu près imperceptibles [1].

L'infime *Rhizopode*, visible seulement sous le foyer d'une lentille, s'est construit des mausolées bien autrement élevés que les pyramides. En Europe, plusieurs chaînes de montagnes doivent leur existence aux débris calcaires de ces infiniment petits; les gigantesques cordillères du Chili ne sont qu'une antique nécropole de ces êtres disparus depuis des millions de siècles.

Quand, sagement modestes, nous établissons un terme de comparaison, combien sont exiguës, jeunes et peu durables les plus gigantesques merveilles humaines, les pyramides, par exemple, à côté de ces monuments géologiques, les *Cordillères*, édifiées

---

[1] La plupart de ces détails sont puisés dans les *Zoophytes et Mollusques* de M. L. Figuier.

par les plus petits entre les plus petits, les *Rhizo-
podes*.

Si j'étais chétif Infusoire, combien, dans mon
juste orgueil, je trouverais prétentieux et ridicule
l'Homme, si fier d'avoir édifié les pyramides, que
quarante siècles seulement ont contemplées ; car
c'est par milliers et par millions de siècles que la
famille des Zoophytes compte ses quartiers de noblesse, et c'est en entassant montagne sur montagne qu'elle a construit ses monuments funéraires.

C'est le cas de dire qu'il n'est rien de si petit et
de si méprisable aux yeux du vulgaire, qui ne donne
de puissants résultats entre les mains de Dieu.
Supprimez en effet l'existence des Zoophytes et
des Infusoires, et notre globe sera incomplet,
puisqu'il manquera une bonne partie des matériaux
qui entrent dans la composition de sa croûte.

Lorsque, dans la suite des temps, par un refroidissement considérable ou par toute autre cause,
les conditions physiques de l'atmosphère et du sol
auront changé à ce point que la vie animale actuelle
ne sera plus possible, il adviendra ce qui est déjà
arrivé bien des fois, c'est-à-dire que les espèces s'é-
teindront pour faire place à une nouvelle création ;
l'Homme disparaîtra aussi et sera probablement remplacé par un être plus parfait que lui. C'est du moins
la loi qu'a suivie et que semble s'être imposée le
Créateur dans les nombreuses créations qu'il a

accomplies depuis les âges les plus reculés de notre
planète jusqu'à ce jour, loi de perfectionnement
constant d'une création à celle qui suit.

L'être qui succédera à l'Homme trouvera que
son prédécesseur a moins contribué à l'édification
de l'œuvre terrestre de Dieu que les Zoophytes et
les Infusoires, si toutefois l'Homme doit laisser la
moindre trace sensible de son passage sur la terre.

Puisque j'ai tant fait que de m'éloigner un moment de mon sujet, les Mollusques, pour parler
de Zoophytes, je n'y rentrerai qu'après avoir rapi-
ment signalé la part qu'ont prise, dans la fabrication de notre planète, certains animaux inférieurs
en organisation aux Mollusques.

Différentes couches du globe sont presque entièrement composées de divers polypiers dont font
partie les Coraux, les Astrées, les Fongies, les
Madrépores, les Encrines, les Oursins, etc., etc.

Les Madrépores, qui pullulent dans les mers
tropicales, entrent pour beaucoup dans la formation
des récifs et des îles madréporiques qui apparaissent
encore de nos jours dans les mers équatoriales.

Dans les vastes mers du Sud, dans l'océan Pacifique, plusieurs archipels, d'une étendue considérable, sont le résultat des travaux immenses des
Polypes ; à l'est de la Nouvelle-Hollande, un banc
de polypes compte 360 lieues de long ; la Nouvelle-

Calédonie est entourée d'un récif de 145 lieues ;
l'archipel dangereux de la mer Pacifique n'est qu'un
entassement de polypiers de 400 lieues de long
sur 150 de large, et ces archipels et ces îles aug-
mentent d'étendue tous les jours.

M. Kirby a prévu le moment où, dans les siècles
à venir, ces infatigables et obstinés bâtisseurs
rattacheraient l'Amérique à l'Asie ; ce n'est d'ailleurs qu'une affaire de temps, pour que ces êtres
mous et sans consistance modifient la conforma-
tion de leurs hémisphères.

Les Encrines, ces animaux merveilleux appelés
Lys de mer, à cause de leur ressemblance avec cette
fleur supportée par sa tige, et dont on ne connaît
aujourd'hui que deux espèces, habitaient par tri-
bus nombreuses les eaux tièdes et salées de l'époque de transition et de l'époque secondaire ; on
peut regarder les Encrines comme les premiers
habitants des mers, qu'elles embellissaient jadis,
comme les lys embellissent aujourd'hui nos plaines
et nos vallées.

Je finis enfin ce chapitre par l'*Oursin* (l'œuf de
mer), cet être hérissé, garni de piquants et ressem-
blant, quant au physique, à quelques aimables
mortels du pays que j'habite, et dont on peut fort
bien peindre le caractère en disant, avec M. L. Figuier : *qui s'y frotte s'y pique*, puisqu'on s'y pique
souvent, même sans avoir l'intention de s'y frotter.

CHAPITRE VII

Causes réelles des Cataclysmes.

—

Détails sur les différentes phases de la vie du globe
terrestre.

———

Dans les chapitres qui précèdent, j'ai souvent
parlé des phénomènes géologiques qui ont, à différentes époques, profondément modifié la surface de
notre planète.

Je crois donc faire plaisir à mes lecteurs en leur
détaillant les principales causes de ces bouleverse-
ments.

Adoptant la théorie de M. Élie de Beaumont sur
le soulèvement des montagnes, théorie qui repose
sur la nécessité dans laquelle se trouve l'enveloppe
solide de la terre de diminuer sans cesse de capa-
cité, pour se conformer, pour se mouler à la surface fluide et visqueuse sous-jacente, je vois la cause
première d'un cataclysme, non pas dans le soulèvement, mais dans l'affaissement, dans l'écroulement
d'une partie considérable de la croûte terrestre.

Le soulèvement n'est que la conséquence inévitable d'une fracture, d'une dislocation qui doit périodiquement et nécessairement arriver, à cause du vide subjacent produit par le refroidissement lent et progressif de notre planète.

Le refroidissement constant et régulier de la terre occasionne infailliblement une augmentation incessante d'épaisseur dans sa croûte, par la condensation des matières incandescentes, fluides et liquides souterraines.

Or, à mesure que la surface du globe s'épaissit et pèse tous les jours davantage, les parties liquides venant immédiatement au-dessous, solidifiées à leur tour par un abaissement de température, diminuent grandement de volume en se rétractant, et n'offrent plus, à un moment donné, assez de résistance pour supporter la croûte superficielle, qui s'affaisse sous son propre poids, en comprimant et refoulant dans sa chute, avec une violence proportionnée à son volume, les matières élastiques intérieures.

Je précise un peu mieux les faits en les spécialisant. Immédiatement après le dernier cataclysme, qui probablement termina l'époque tertiaire par l'affaissement de quelque vaste contrée et par le soulèvement d'une ou plusieurs immenses chaînes, telles que les Cordillères ou les Alpes [1], il s'établit

[1] Selon certains géologues, les espèces de la fin de l'époque tertiaire furent détruites par l'apparition de la période

un équilibre parfait entre les matières gazeuses et liquides de l'intérieur du globe, et les matières solides de la surface, c'est-à-dire que la pression expansive des matières élastiques internes égala en puissance la pression pondérante des matières solides extérieures.

Les parties solides superficielles et les parties fluides profondes de notre terre étant ainsi équilibrées, et conséquemment le sol étant convenablement étayé, il dut s'ensuivre une période de repos assez longue pour permettre aux créations botanique et zoologique de parcourir les différentes phases de leur durée.

Mais cette période de calme doit fatalement avoir une fin, comme elle a pris fin déjà bien des fois dans les temps géologiques anciens, et cet équilibre entre les forces centrales et les forces extérieures doit tendre tous les jours à se détruire sous l'influence du refroidissement lent, mais constant, de la masse terrestre.

Il en sera donc de notre époque quaternaire comme des époques plus anciennes, c'est-à-dire que

glaciaire. Les grandes lois cosmiques déterminèrent insensiblement une grande période de froid qui mit fin à la vitalité. Cette période algide, qui vint insensiblement, disparut de même ; avec la température normale reparurent les espèces quaternaires.

nôtre période de tranquillité finira par une dislocation, un affaissement et un soulèvement de la
croûte, quand le refroidissement et le retrait des
parties liquides sous-jacentes auront engendré un
vide suffisant.

Il est facile de comprendre qu'une puissante
chaîne de montagnes, comme les Cordillères par
exemple, soit la conséquence immédiate et nécessaire de l'affaissement d'une vaste région.

L'effet produit sur les matières fluides et molles
de l'intérieur du globe par la chute subite d'une
masse rocheuse d'une étendue immense et d'un
poids incalculable, ne peut que produire une compression, un refoulement dont le contre-coup se
fait ressentir au loin sur les parois intérieures de la
croûte terrestre. Si le contre-coup n'est pas assez
puissant, on n'éprouve à la surface que les secousses
et les oscillations d'un tremblement de terre; mais
si, dans l'affaissement, les débris de la croûte brisée
produisent, en se précipitant dans les abîmes incan-
descents, un choc d'une puissance irrésistible, les
parois opposées se soulèvent, éclatent en longues et
larges crevasses, et produisent d'immenses montagnes.

Si ce soulèvement d'une partie de la croûte terrestre, qui a lieu par un jeu naturel de bascule et
sous l'influence d'un affaissement, s'effectue au
centre d'un océan, les eaux, abandonnant leur lit

exhaussé outre mesure, s'élanceront avec fureur vers les parties basses, entraînant, confondant tout sur leur passage, et faisant disparaître à jamais les flores et les faunes qui avaient fait l'ornement de la terre pendant une longue période de tranquillité.

Les eaux de cet océan comblé par l'émersion d'une chaîne immense iront, après avoir roulé quelquefois de l'un à l'autre hémisphère, former une nouvelle mer à l'endroit où s'est prononcée la dépression et sur l'emplacement peut-être d'un continent fertile.

C'est ainsi que fut engloutie l'Atlantide, lorsque s'exhaussa le lit de l'océan Saharien ; l'Atlantide, ce continent dont la tradition avait conservé le souvenir jusqu'à l'époque de Platon, et qui a laissé comme témoins de son existence les Açores : ces îles ne sont en effet que les pitons les plus élevés d'une chaîne de montagnes de cet antique continent dont nous parle le Philosophe grec [1].

---

[1] L'Atlantide, l'ancienne Méropide de Théopompe, l'Atlantide de Platon, ce continent nié par Origène, Porphyre, Jamblique, d'Amville, Malte-Brun, Humboldt, qui mettaient sa disparition au compte des récits légendaires; admis par Posidonius, Pline, Ammien Marcellin, Tertullien, Eugel, Sherer, Tournefort, Buffon, d'Avezac.

Platon raconte que dans cette région engloutie qui existait au-delà des colonnes d'Hercule, vivait le peuple puissant

La théorie que j'expose n'est pas une fiction, puisqu'elle a ses preuves dans les faits géologiques eux-mêmes.

Les géologues savent que les montagnes sont d'autant plus élevées que leur soulèvement se rapproche davantage de l'époque actuelle, le volume et l'élévation des chaînes étant proportionnés à l'épaisseur de la croûte, et par conséquent à la résistance offerte par cette croûte au choc des matières élastiques profondes.

Dans son premier âge, notre globe était encore incandescent et en fusion presque jusqu'à la surface ; sa croûte n'était, en quelque sorte, qu'une pellicule crevant sous l'effort de la moindre fluc-

sant des Atlantes, contre lequel se firent les premières guerres de l'ancienne Grèce.

Il nous dit qu'au milieu des inondations et des tremblements de terre d'un cataclysme, une nuit et un jour suffirent à l'anéantissement de ce continent, dont les plus hautes cimes, Madère, les Açores, les Canaries, les îles du Cap-Vert, sont aujourd'hui les seuls vestiges (l'uniformité de la faune malacologique de toutes ces îles en est la preuve évidente).

Qui sait si le contre-coup de l'affaissement de l'Atlantide ne fit pas émerger les Amériques en même temps que le désert Saharien ? Car les Atlantes, toujours d'après Platon, occupaient un continent immense, plus grand que l'Afrique et l'Asie réunies, et qui couvrait une surface comprise entre le 12e degré de latitude et le 40e degré Nord.

tuation des matières internes, quelquefois même sous les simples mais rudes coups d'une atmosphère composée d'éléments variés, lourds, et même en partie métalliques.

A mesure que notre planète, sortant de sa bouillante enfance, perdait sa chaleur par un constant rayonnement, son enveloppe s'épaississait à l'extérieur par la précipitation des éléments grossiers et atmosphériques que le refroidissement solidifiait, et à l'intérieur par les condensations des matières fluides et molles immédiatement en contact avec les parois internes de cette croûte refroidie.

Dans les âges reculés, l'affaissement et le bris d'une mince croûte ne produisaient qu'un désordre fort restreint, local et sans retentissement lointain. Aussi, dans ces temps anciens, les mers étaient peu profondes, et les îles, plates et de peu d'étendue, n'étaient accidentées que par des buttes ou des monticules ; la surface de la terre n'était pour ainsi dire qu'un immense archipel à la température uniforme, à l'aspect monotone et ayant une flore et une faune peu variées.

A mesure que cette croûte, toujours sous l'influence d'un refroidissement progressif, acquérait de l'épaisseur et par conséquent de la solidité, les ruptures amenaient des désordres plus graves, qui se faisaient sentir au loin par le refoulement violent des matières élastiques internes.

Lorsque la surface solide du globe, ayant acquis une profondeur de 30 à 40 kilomètres, offrit à sa dislocation une résistance proportionnée à son épaisseur, ce ne fut qu'après de longues périodes de siècles que les écroulements se firent sur de grandes étendues, avec contre-coup, soulèvement puissant et larges crevasses dans les parois opposées, quelquefois même dans un autre hémisphère.

Actuellement la croûte terrestre mesure environ 48 kilomètres d'épaisseur; en raison de cette épaisseur, qui offrira une résistance considérable à la désagrégation et à l'affaissement, malgré le large vide subjacent produit par la condensation et le retrait des matières profondes, il est probable que la prochaine catastrophe sera universelle et que les déversements des eaux, suite de terribles soulèvements, balaieront, broieront tout à la surface du globe, anéantissant toutes les vies végétale et animale.

Lorsque toute la chaleur primitive sera complètement dissipée par la surface, après bien des cataclysmes, après bien des créations successives, dans des temps éloignés de nous d'une distance incommensurable, il adviendra que notre planète, refroidie, rapetissée, ne sera plus qu'un bloc de glace effectuant silencieusement ses évolutions dans l'espace, comme un blanc fantôme ; elle n'aura même plus d'atmosphère, car l'intensité du froid sera si grande que les matières les plus fluides, les plus éthérées, tomberont condensées à la surface du globe [1].

Dans de pareilles conditions physiques, la vie matérielle, les vies végétale et animale ne seront plus possibles, et, comme je viens de le dire, la terre silencieuse roulera dans le vide autour du soleil : elle sera d'autant plus silencieuse qu'en l'absence

[1] Nous savons que la chaleur du globe augmente de 3 degrés par chaque 100 mètres de profondeur, ce qui fait 180,000 degrés à une profondeur de 6,000 kilomètres, lieu du point central.

Or, la surface de la terre ne perdant, d'après les calculs de Fourrier, que 3/100 de degré de chaleur tous les deux mille ans, si la déperdition des parties profondes égale celle de la croûte, il faudrait près de douze millions d'années pour réduire à néant le calorique de notre globe jusqu'à son centre, en supposant que le refroidissement suive toujours la même progression dans les siècles à venir. Mais il est probable que cela n'a pas lieu, parce que, à mesure que le froid pénètre plus profondément, le rayonnement central est moins actif et le refroidissement plus lent, la chaleur intérieure étant protégée par une plus grande épaisseur de la croûte, qui est d'ailleurs fort mauvaise conductrice du calorique.

On a donc le droit de supposer que ce ne sera pas dans douze millions d'années que notre planète aura perdu tout son calorique, mais dans un laps de temps bien plus considérable.

de toute atmosphère, plus de vent et par conséquent plus d'ouragans, plus de tempêtes, plus d'ondes sonores, et par suite, plus de percussion, plus d'écho, plus de bruit ; rien que le silence du vide sur le cadavre d'une planète habitée seulement par l'Esprit de Dieu.

Notre terre, après avoir vécu une innombrable quantité d'années, tombera dans un état analogue à l'état primitif de son enfance, pendant laquelle rougie, fulgurante et lumineuse, elle ne possédait pas un seul germe de vie ; seulement , tandis que dans son premier âge elle était inhabitable et brillante, à cause de son incandescente température, elle deviendra inhabitable et éclatante dans sa vieillesse, à cause de son excessive congélation [1].

[1] On objectera peut-être que, lorsque la terre aura perdu toute la chaleur qui lui est propre, l'action des rayons solaires suffira pour entretenir à sa surface une température au-dessus de la glace. Cette hypothèse n'est pas probable : nous pouvons en juger par analogie et d'après ce qui se passe actuellement sur les sommets et les plateaux les plus élevés du globe, où les neiges et les glaces sont éternelles et constituent des glaciers.

Dans ces hautes altitudes, la raréfaction de l'air fait que l'action des rayons solaires n'est point assez grande pour opérer la fonte de la neige et de la glace.

Ne serait-ce que sous l'influence de la perte du calorique qui lui est propre, tout le monde sait qu'il s'opère un refroi-

Mais n'est-ce pas blasphémer et douter de la toute-puissance du Créateur que de croire que sur cette sphère glacée et privée de toute atmosphère, la vie ne sera plus possible? Qu'en savons-nous? La vie, telle que nous la comprenons avec nos perceptions et nos sens matériels, ne sera plus possible sans doute, car avec un froid de plusieurs milliers, de plusieurs millions de degrés au-dessous de zéro, ce qui constitue les vies végétale et animale, la circulation, le mouvement et les autres fonctions physiologiques, sera remplacé par une raideur, par une immobilité complète. Mais la vie immatérielle, que Dieu nous permet de nommer et qu'il ne nous permet pas de comprendre, n'avons-nous pas le droit de la soupçonner, d'y croire même, en voyant les perfectionnements successifs par lesquels Dieu a procédé aux diverses créations à mesure que notre terre vieillissait?

Puisque le Créateur est arrivé graduellement,

dissement lent, mais constant, à la surface de notre terre; or ce refroidissement progressif amènera nécessairement une épuration, une raréfaction de l'atmosphère, qui diminueront d'autant l'action de la chaleur solaire.

Il est facile de prévoir que, pour peu que cette purification, cette raréfaction de l'atmosphère continue dans les siècles futurs, les parties les plus plates, les plus basses de la surface terrestre seront dans les mêmes conditions climatériques que les sommets neigeux et les glaciers des Alpes.

dans la série des créations, de l'Infusoire, du Zoophyte à l'Homme, ne peut-il, après la disparition de notre race, créer un être apte à vivre dans toutes les nouvelles conditions physiques et climatériques de notre terre, un être aussi supérieur à l'Homme que l'Homme est supérieur au Zoophyte? Sa puissance a-t-elle des limites?

Dieu est conséquent dans ses actes, parce qu'il est infaillible; il lui est impossible de mal faire et de se tromper; et quand il établit un ordre, une loi, il s'impose l'obligation de les respecter. N'a-t-il pas établi la loi de perfectionnement des êtres d'une création à l'autre? Pourquoi s'arrêterait-il à l'Homme et ne donnerait-il pas, dans les siècles futurs, à chaque période de tranquillité, une nouvelle création de plus en plus parfaite?

Il est d'ailleurs facile de prévoir que des créatures matérielles, comme nous le sommes, ne pourraient exister sur notre planète entièrement congelée et absolument dénuée de toute production nécessaire à la conservation animale actuelle. Par conséquent, si pendant les périodes futures de calme Dieu veut de nouveau peupler la terre, il devra nécessairement débarrasser ces nouveaux êtres des entraves et des exigences de la matière.

Ces futurs habitants de notre planète seront donc plus parfaits que nous, si Dieu, dans sa féconde sagesse, daigne procéder à de nouvelles créations.

Je dois m'arrêter là, je pense: car si Dieu a permis à l'Homme de soulever un coin du voile qui cache les mystères antiques de la vie du globe, il ne lui laisse rien entrevoir de bien positif dans son avenir ; s'il lui a donné l'intelligence du passé, il ne lui a confié de l'avenir que le nom.

Jusqu'ici, dans ce chapitre, il n'est guère question que des cataclysmes et de leurs causes, de ces grands cataclysmes qui terminaient les périodes de repos, anéantissaient tout sur la terre, et exigeaient du Créateur de nouvelles créations. Outre ces catastrophes générales, notre planète est partiellement ravagée de temps à autre par des inondations locales ou déluges, dont les souvenirs historiques nous ont conservé les traditions plus ou moins défigurées et embellies.

L'antiquité païenne nous cite les déluges d'Ogygès, de Deucalion et de la Samothrace ; la Genèse nous donne la description du déluge universel ; Strabon nous fournit des détails exacts sur les causes d'une inondation qui immergea une grande partie de la Grèce ; Ammien Marcellin cite, comme en ayant été le témoin oculaire, un exemple d'inondation par suite d'un tremblement de terre qui souleva les eaux de la Méditerranée à une si grande hauteur et sur une si grande étendue, qu'elles atteignirent les toits des maisons d'Alexandrie, et, sur les côtes du Péloponèse, des vaisseaux furent jetés à un quart de lieue dans l'intérieur des terres.

Tous ces déluges de l'époque quaternaire et même des temps historiques ne sont que des accidents locaux plus ou moins désastreux, qui ne peuvent modifier en aucune manière l'état des êtres d'une période comprise entre deux grands cataclysmes; ces désordres partiels ont été produits, soit par l'exhaussement des eaux retenues accidentellement dans de grands bassins par des éboulements et des obstructions, soit par des phénomènes volcaniques sous-marins.

Nous pouvons même entrevoir dans l'avenir des causes probables de déluges d'une immense étendue : ainsi, la débâcle des grands lacs de l'Amérique du Nord, dont quelques-uns s'élèvent de plus de 200 mètres au-dessus du niveau de l'Océan, et qui ont jusqu'à 400 mètres de profondeur, peut ravager un jour une partie de cette contrée, par une inondation terrible, quoique passagère.

Le sol de l'Asie centrale, à l'est de la mer Caspienne, étant de 100 à 300 mètres au-dessous du niveau de la mer, peut fort bien un jour devenir le lit d'un océan.

Les causes de ces déluges partiels se préparent souvent à la surface et sous nos yeux, nous pouvons les prévoir; mais les causes des grands cataclysmes, s'effectuant sous la croûte terrestre à de grandes profondeurs, échappent à toute investigation humaine.

L'Homme est donc condamné à périr sans avoir prévu l'heure du terme de son existence, qui ne lui sera révélée que par les formidables éclats des trompettes d'un cataclysme exterminateur.

Ne serait-ce pas la consolation la plus grande, la plus belle que Dieu puisse accorder à l'homme juste, résigné, qui a vécu, hélas ! pendant toute la durée d'une ère fatale ? Quand le sage a bu la coupe pleine de tribulations de notre époque, ne peut-on dire de lui, avec Horace :

> Si fractus illabatur orbis,
> Impavidum ferient ruinæ.

Les fracas d'un cataclysme n'annonceraient-ils pas au juste la fin de ses persécutions et son triomphe éternel dans l'avenir ?

Je me résume par la série abrégée des phénomènes qui précèdent un cataclysme :

Refroidissement de la masse terrestre par le rayonnement ; augmentation de l'épaisseur et conséquemment du poids de la croûte par la condensation des matières fluides et liquides immédiatement sous-jacentes, qui se solidifient à mesure que le refroidissement les pénètre.

Diminution du volume des matières inférieures

à la croûte, qui se condensent et se rétractent en passant de l'état fluide et mou à l'état dur.

Vide sub-jacent à la croûte produit par la condensation et la rétraction des matières fluides et liquides refroidies.

La croûte terrestre, à un moment donné, manquant d'appui par la production du vide souterrain, s'affaisse et tombe sur les matières élastiques intérieures.

La compression et le refoulement exercés sur les matières élastiques internes sont proportionnés à l'étendue, à l'épaisseur et au poids de l'affaissement.

Le refoulement violent des matières élastiques internes produit un choc sur les parois opposées à l'affaissement : soulèvement, fractures, crevasses, formation de montagnes, si le choc des matières élastiques contre les parois opposées à l'affaissement est irrésistible.

Si les soulèvements de montagnes ont lieu dans le sein des mers, les masses aqueuses refoulées labourent la surface du globe, anéantissant tout sur leur passage.

Les eaux chassées par le comblement, l'exhaussement de leurs lits, forment de nouvelles mers dans les lieux déprimés par l'affaissement.

De la sorte, il a pu se faire que ce qui était une mer profonde pendant l'époque secondaire, par exemple, soit devenu une île, un continent dominé par de hautes montagnes pendant l'époque tertiaire, et *vice versa*.

Enfin, rétablissement de l'équilibre ; croûte terrestre bien étayée et bien assise sur les masses élastiques sous-jacentes ; début de la période de tranquillité pendant laquelle Dieu procède à la création de nouvelles familles végétales et animales.

FIN.

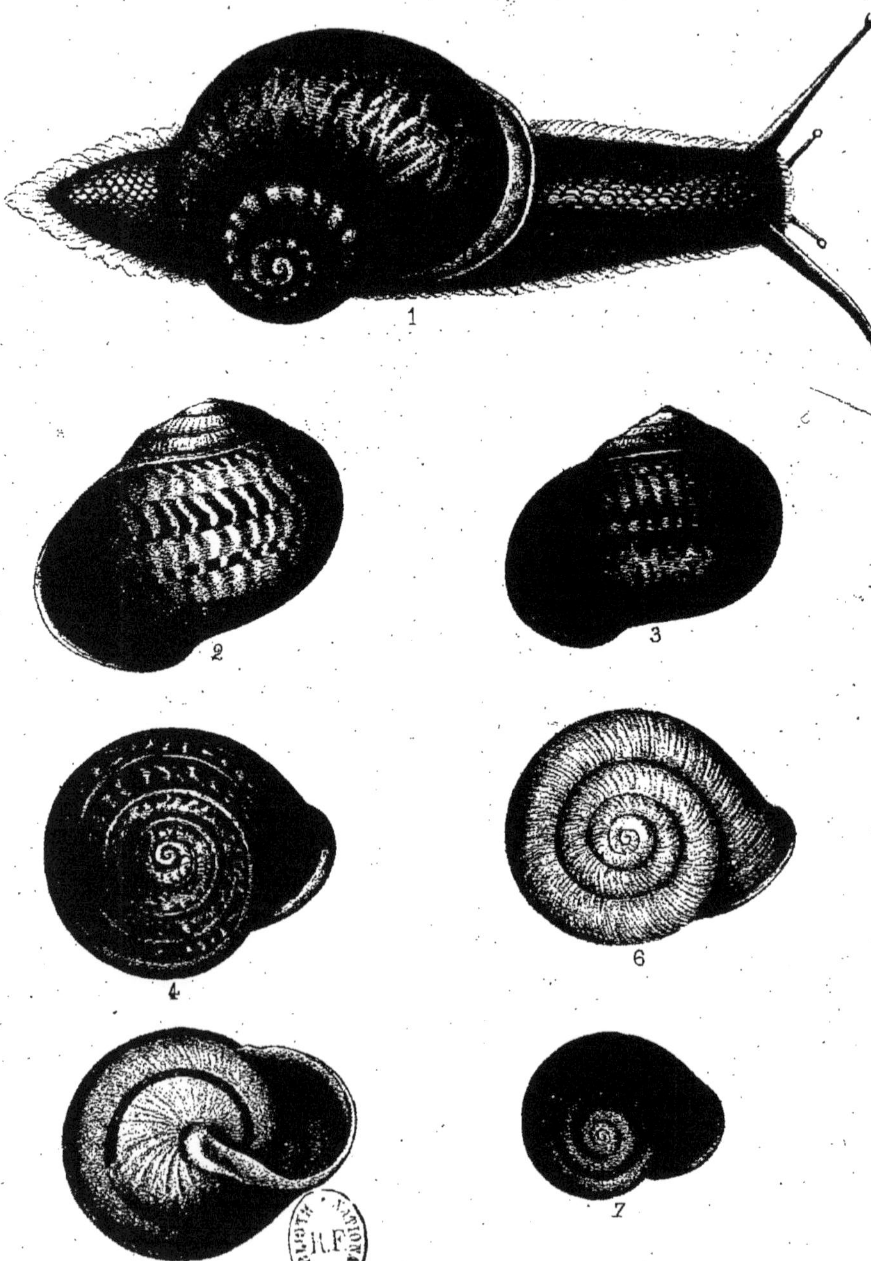

Lith.Boehm & Fils,Montpellier

Escargots comestibles de France

Explication des Figures des Planches

PLANCHE I.

1. Hélice chagrinée *(Helix aspersa)*.
2. —   —   variété.
3. —   —   autre variété.

4. Hélice vermiculée *(Helix vermiculata)*.
5. —   —   vue en dessous.
6. —   —   variété blanche.
7. —   —   petite variété.

PLANCHE II.

1. Hélice variable (*Helix variabilis*).
2. — — variété blanche.

3. Hélice de Pise (*Helix Pisana*).
4. — — variété blanche.
5. — — variété.

6. Hélice des forêts (*Helix nemoralis*).
7. — — à une bande.
8. — — variété blanche.

9. Hélice des gazons (*Helix cespitum*).
10. — — variété blanche.

11. Hélice naticoïde (*Helix aperta*).
12. — — vue en dessous.

Planche. 2

Lith. Boehm & Fils, Montpellier

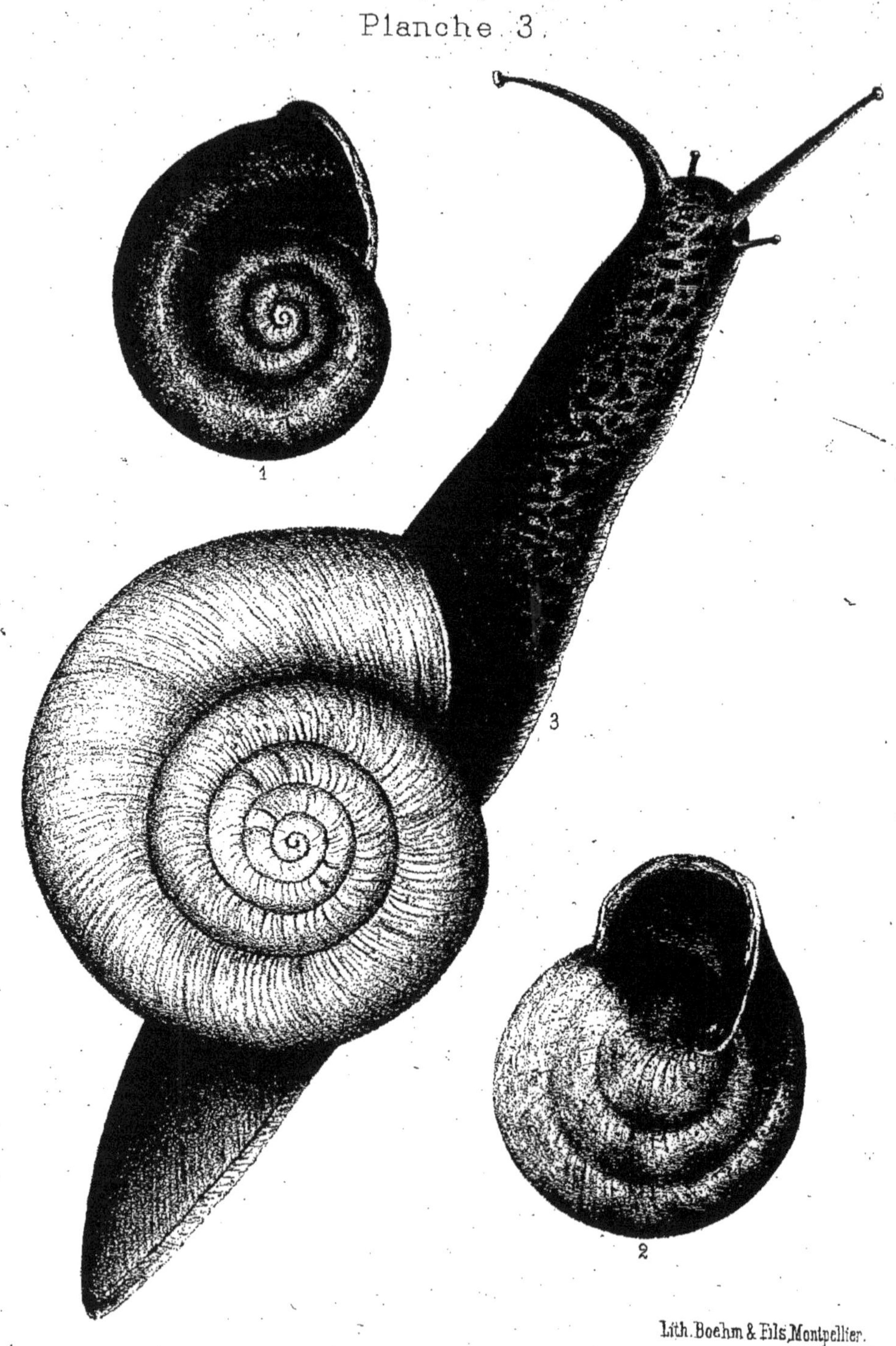

Planche 3
1
3
2
Lith. Boehm & Fils, Montpellier.

PLANCHE III.

1. Hélice laiteuse (*Helix lactea*).

2. — — vue en dessous.

3. Zonites algirus ; Peson trouvé à Aniane (dimension naturelle.

PLANCHE IV.

1. Hélice à bouche noire *(Helix melanostoma)*.
2.   —   —   (animal).

3. Hélice vigneronne *(Helix pomatia)*.
4.   —   —   vue en dessus.

5. Zonites algirus ; Peson.

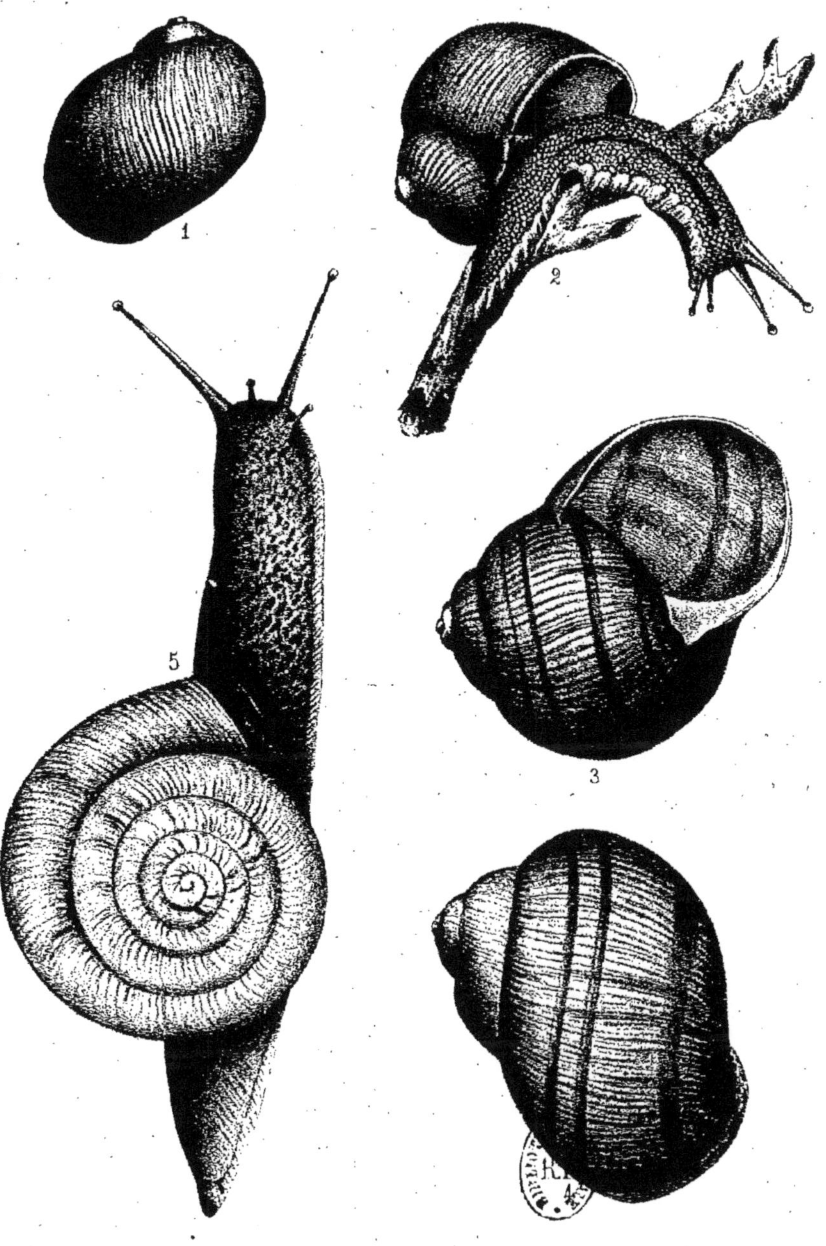

Lith.Boehm & Fils, Montpellier

TABLE DES MATIÈRES

Pag. 58. Au lieu de Chapitre VI, lisez Chapitre IV.

www.ingramcontent.com/pod-product-compliance
Ingram Content Group UK Ltd.
Pitfield, Milton Keynes, MK11 3LW, UK
UKHW022354090726
13658UKWH00002B/645